紅沙龍

Try not to become a man of success but rather to become a man of value.
～Albert Einstein (1879 - 1955)

毋須做成功之士，寧做有價值的人。 —— 科學家　亞伯·愛因斯坦

短影音、演算法、年輕化
世界最有價值新創公司的成功秘密

馬修・布倫南

著

張美惠 譯

抖音

MATTHEW BRENNAN

ATTENTION FACTORY
The Story of TikTok & China's ByteDance

這本書獻給我女兒米莉。

你真令人驚喜。

推薦序
解讀 TikTok 為何成功

Lynn

「抖音」是由北京字節跳動（ByteDance）於二〇一六年推出的短影音 app 產品，中國境內命名為抖音，海外版則稱為 TikTok。母公司字節跳動旗下擁有今日頭條、西瓜視頻、虎撲體育等龍頭媒體。

翻開美國行動應用下載排行榜，可以發現今年（二〇二一）年以來，TikTok 始終保持在每日前十的優異成績、並蟬聯美國社交類應用排行榜第一名。如果向讀者們提出一個問題——綜觀歐美成熟市場包括美國、法國、德國等地，有哪一款 app 在過去一年以來，用戶每個月至少花二十小時上下在裡面（在台灣的用戶每個月也至少花十小時）？

相信 TikTok 這個答案絕對會令許多人感到十分驚訝。根據行動應用數據商 App Annie 的報告，相當於美國人一天平均花接近一小時的時間在看 TikTok 短影片，表現比 Instagram 或其他純通訊軟體還要好。在歐美地區它甚至已經打敗 Facebook，成為月活躍使用者同比成長率第一名的 app，而且用戶平均使用時間還在持續成長當中。

另外，相對長的用戶停留時間，除了對 Facebook 等傳統社交軟體造成威脅，也會擠壓到影音串流應用使用者的時間。同樣來自 App Annie 的數據，二〇二〇年第四季 Netflix 美國用戶高達四九％都是 TikTok 的活躍用戶，相較於上一年成長超過兩倍。可以說 TikTok 的確是 Netflix 在競爭使

用者注意力上也是一個非常需要關注的對手。

　　可以發現無論是使用者的社交還是娛樂需求上，TikTok 短影片本身的破壞式創新和影響力，包括：去中心化並高度客製化的推薦系統、充分利用使用者碎片化的時間、易於病毒式傳播的娛樂影片，讓 TikTok 超越任何社交與娛樂應用，變成現代年輕人實實在在的娛樂剛需。

　　然而，來自中國的 TikTok 是如何在短短三年的時間竄升為全球最大的短影音社群？有些人可能會認為它在北美的用戶數有部分是基於收購 musical.ly 而來，然而本書告訴我們——事實並沒有如此簡單。除了在中國市場內部提供洗腦歌曲與短影音內容引起一陣模仿潮之外，透過本書，我們還可以完整了解 TikTok 的海外拓展策略。除了善用併購與行銷策略快速獲取使用者之外，TikTok 設計模式結合了十五秒至一分鐘的影片長度，讓影片創作者有較大的創作空間，還能利用該平台的粉絲進行廣告代言、直播贊助等功能，提供網紅明星誘因持續創作更好的內容且從中賺取收益，TikTok 也留住大批的使用者流量。

　　本書作者馬修・布倫南作為在中國生活多年的西方人，在解讀 TikTok 為何成功的視角上，除了爬梳張一鳴本人的創業發跡史和字節跳動的成立細節，更橫向剖析 YouTube、Facebook、騰訊等社交媒體巨頭所面臨的成長瓶頸。在市面上清一色針對歐美老牌企業如 Microsoft、Google、Apple 等公司的商業書籍中，本書是少數針對新興科技公司、還是中國獨角獸進行剖析的珍貴研究材料。非常推薦台灣讀者們將本書做為了解千禧年世代用戶與科技媒體變革的關鍵一步。

　　想了解 TikTok 如何在向來陌生的歐美海外市場成功攬獲數億名用戶，甚至直接威脅 Facebook 的社群霸主地位？看完這本書，相信每一位讀者都會有自己的答案。

（本文作者為《寫點科普》部落格主）

推薦序
跳過網路事業的陷阱

黃欽勇

　　網路節點愈多，市場價值愈高。中國大陸十四億人口相互交叉所帶來的網路商機無可比擬，全世界四分之一的獨角獸來自中國，與美國同是網路事業發展成效最成功的國家。在中國，帶著夢想參與網路事業發展的人，面對的是個既沒有底線、也幾乎看不見天花板的事業機會；相近的事業模式，可以砸更多的錢，用盡各種沒有底線的競爭方法對抗。贏家全拿，玩的是別人的錢，在期待一夕成名的風光背後，經營者風險意識與台灣的經營條件大不相同。

　　「點閱農場」、「預載 app」，讓手機通路商肥得流油，但羊毛出在豬身上，背後成功的條件正是西方世界難以接受的消費者保護條款。我們同意，中國網路事業的發展模式有其獨到的社會條件，如果照單全收，我們會發現中國的優勢正好是台灣發展網路事業的陷阱。

　　以網路新聞彙整系統為例，抖音的前身是字節跳動，而字節跳動的經驗來自經營團隊經營「今日頭條」的經驗。「今日頭條」以彙整每日重點新聞起家，但抖音創辦人張一鳴說，拜訪新聞網站的訪客，絕大多數是來消磨時間的，娛樂、綜合新聞居上，但這是個高度競爭的市場，甚至所有彙整新聞的網站估值也不高。從台灣的角度看這件事，也就可以明白把傳統媒體的經營模式網路化，基本上就不是一條可以獲利的道路。

　　當我們重新聚焦台灣這個小市場時，會發現以傳統方式匯聚新聞的操作，離成功的目標更加遙遠。二○○四年巔峰時期營收超過一百八十億元的蘋果日報，到二○一九年僅剩下三十億元，就算通吃台灣新聞媒體在網路上的廣告營收，也無法回到當年發行量七十萬份的盛況，何況一般的新聞在 Facebook、Google 這些網路媒體中隨處可見，誰願意付錢閱讀新聞呢？網路新聞的競爭關鍵，不在於嘩眾取寵的新聞，而在於 Facebook、Google 不屑一顧，但卻是高階、專業、流量少的專業商機上。以我的創業經驗而言，新聞的深度比速度重要，新聞的定位比「說故事」重要，美國、中國成功的路徑，多半在台灣是行不通的！

　　不同的國家、社會，要以不同的事業經營模式因應，「抖音」這本書，正是台灣新創公司「當為」與「不當為」的對照版本。手機為主的小螢幕，消耗零碎的娛樂時間；專業訊息的閱讀行為，可能集中於中大型螢幕，而且用戶平均停留的時間一定較長，消費者的所得、教育程度也截然不同。

　　在中國，只要看到新創企業成功了，競爭者就會砸大錢，無限複製；在美國，新創業者會參考別人的經驗，找出不同的路徑，做出差異化的成果。這本書是網路與新創事業很好的參考書，我獲益良多，但我拿來對照自己的不足，而不是照單全收！

（本文作者為 DIGITIMES 電子時報社長）

目 錄

資源

字節跳動主要的手機app

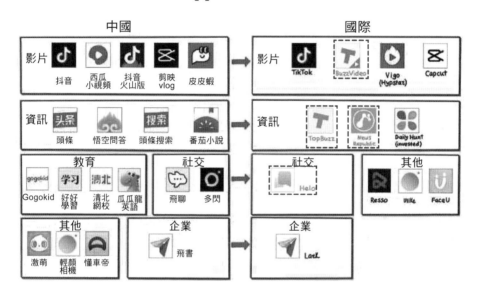

　　虛線框住圖示表示該 app 最近已關閉。想要更完整了解字節跳動的產品系列，請參考本書 223 至 226 頁。

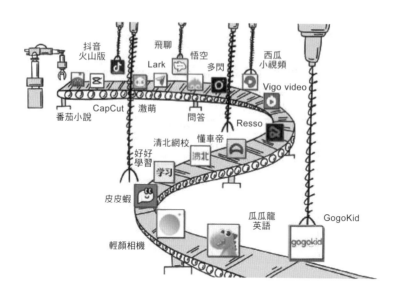

番茄小說　CapCut　激萌
抖音火山版
飛聊　Lark　悟空　多閃　西瓜小視頻　Vigo video
問答　Resso
好好學習　清北網校　懂車帝
皮皮蝦
輕顏相機　瓜瓜龍英語　GogoKid

字節跳動主要人物

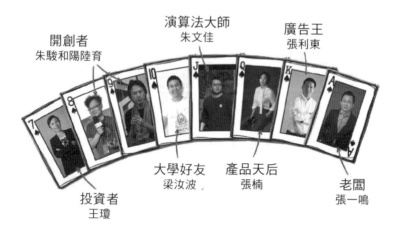

開創者
朱駿和陽陸育

演算法大師
朱文佳

廣告王
張利東

投資者
王瓊

大學好友
梁汝波

產品天后
張楠

老闆
張一鳴

管理高層（二〇二〇年中）*

* 二〇二〇年八月凱文‧梅爾離職，截至二〇二一七月，營運長為凡妮莎‧佩帕斯（Vanessa Pappas）；二〇二一年五月，張一鳴表示年底將卸任執行長，由梁汝波接任。

字節跳動公司結構（概述）

　　字節跳動有三大核心功能部門：使用者成長、技術、商業化，分別負責使用者獲取、產品開發和獲利。

字節跳動技術體系（概述）

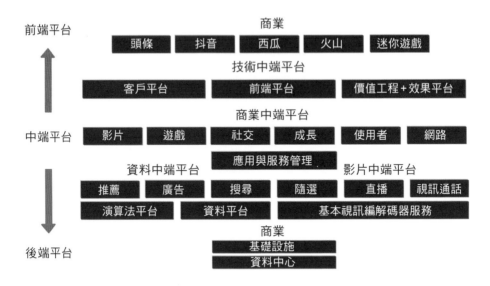

前端平台

商業

| 頭條 | 抖音 | 西瓜 | 火山 | 迷你遊戲 |

技術中端平台

| 客戶平台 | 前端平台 | 價值工程＋效果平台 |

商業中端平台

中端平台

| 影片 | 遊戲 | 社交 | 成長 | 使用者 | 網路 |

應用與服務管理

資料中端平台　　　　　　　　　　影片中端平台

| 推薦 | 廣告 | 搜尋 | 隨選 | 直播 | 視訊通話 |

| 演算法平台 | 資料平台 | 基本視訊編解碼器服務 |

商業
基礎設施
資料中心

後端平台

字節跳動技術體系基礎設施

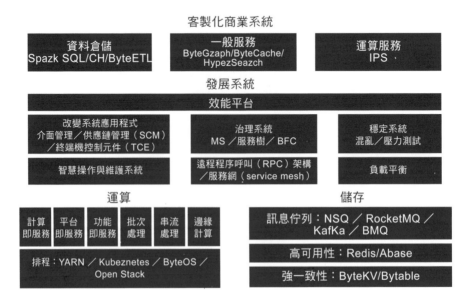

客製化商業系統

| 資料倉儲
Spazk SQL/CH/ByteETL | 一般服務
ByteGzaph/ByteCache/
HypezSeazch | 運算服務
IPS， |

發展系統

效能平台

| 改變系統應用程式
介面管理／供應鏈管理（SCM）
／終端機控制元件（TCE） | 治理系統
MS／服務樹／BFC | 穩定系統
混亂／壓力測試 |
| 智慧操作與維護系統 | 遠程程序呼叫（RPC）架構
／服務網（service mesh） | 負載平衡 |

運算　　　　　　　　　　　　　　儲存

| 計算
即服務 | 平台
即服務 | 功能
即服務 | 批次
處理 | 串流
處理 | 邊緣
計算 | 訊息佇列：NSQ／RocketMQ／
KafKa／BMQ |

| 排程：YARN／Kubeznetes／ByteOS／
Open Stack | 高可用性：Redis/Abase |

強一致性：ByteKV/Bytable

字節跳動全球員工數（印度禁用之前的預估人數）

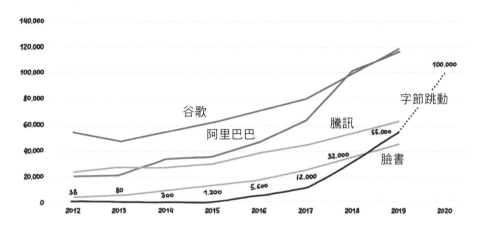

來源：公司財務報告，新浪科技，路透社，36氪，鈦媒體，虎嗅網

字節跳動公司法律結構

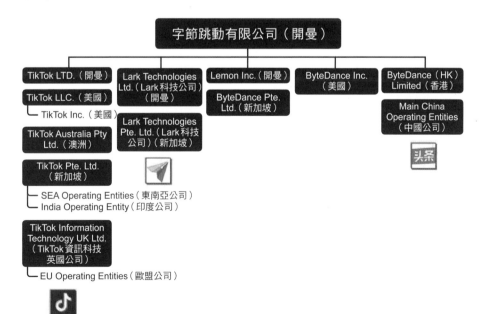

各輪投資

日期	輪	金額（美元）	主要投資者	估值（美元）
二〇一二年四月	天使	三百萬	亞洲海納	
二〇一二年七月	第一輪	一百萬	亞洲海納	
二〇一三年五月	第二輪	一千萬	尤里·米爾納（Yuri Milner）Apoletto 亞洲海納 源碼資本	六千萬
二〇一四年六月	第三輪	一億	紅杉資本，微博	五億以上
二〇一六年十二月	第四輪	十億	紅杉資本，建銀國際	一百一十億
二〇一七年九月	第五輪	二十億	泛大西洋投資	二百二十億
二〇一八年十一月	首次公開募股（IPO）前	二十五億到四十億	泛大西洋投資，KKR集團，春華資本集團，軟銀	七百五十億
二〇二〇年三月	未公布	未揭露	老虎全球管理公司	一千億

本書提到的中國城市

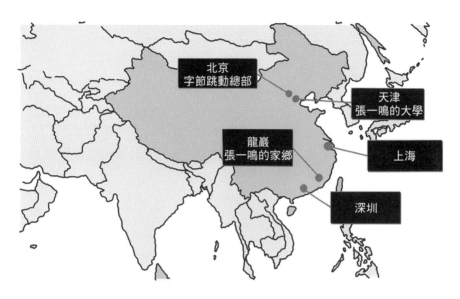

字節跳動總部辦公室所在，北京西北

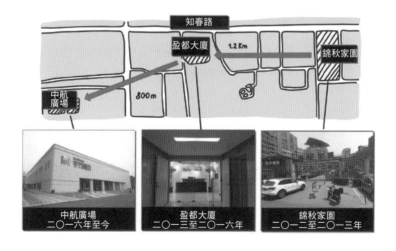

作者序

　　TikTok 在中國的原版叫抖音，是那種你聽過一次後就會忘記的 app，在一個普遍被認為次等重要的類別中比其他業者還更晚做出成績。你會覺得這不過是另一個沒有創意、曇花一現的複製品，很快就會被網路世界不當一回事地遺忘，快速關門大吉，就像中國競爭激烈、步調快速的網路界裡成千上萬的 app 一樣。

　　然而超乎所有人的預期，抖音及其國際版 TikTok 一飛沖天，創下難以想像的佳績。這兩款 app 在全球大紅大紫，甚至連創始團隊都沒想到會有這麼一天。到底發生了什麼事？

　　我在中國工作，第一手見證抖音在二〇一七年末崛起，對我周遭的人造成諸多影響。人們開始在等待地鐵時觀看短影音，在街上拍攝短影音，朋友會互相討論最喜歡的帳戶。不久之後，一批新的名人誕生。拜抖音之賜，有些歌曲一夕爆紅。十八個月後，同樣的故事開始在世界各地上演，TikTok 引發的熱潮達到巔峰。

　　我花了九個月的時間撰寫本書，這是一段奇妙的旅程。早在二〇一八年，字節跳動的員工就在私下的談話中表示，他們很清楚身為一家中企在美國及其他西方市場營運，承擔的政治風險正在逐漸提高。即使如此，我想任何人都想像不到情勢的演變會這麼戲劇化。

　　大家都很清楚，關於這家公司的討論最近變得極度政治化。已經有太多人寫文章、提出強烈的個人評論與深入討論，解析 TikTok 如何陷入地緣政治的較勁與「科技冷戰」，我選擇寫這本書不是為了再增添一筆。

　　這本書要探討的是：為什麼崛起的是 TikTok？為什麼是字節跳動？為

什麼是短影片？

　　讀者會在書中讀到關於字節跳動這家私營企業的崛起過程，包括它與其他網路服務業者的競爭關係，內容極詳盡、準確，我希望還帶點趣味。本書基本上是要探討過去三年來最重要的網路趨勢——短影音格式與機器推薦。

　　世界其他地方對字節跳動的了解與中國有極大的差距，我寫這本書的主要動機是彌合這個差距。書中很多趣聞軼事在中國廣為人知，但還是第一次有人以英文介紹。此外，我透過原創研究糾正了一些錯誤的資訊，打破若干迷思，為這個主題提供豐富的個人分析和見解，希望讀者會從中獲益。

　　字節跳動是近年來最具全球影響力的科技公司之一。我誠摯希望本書能促成大家更廣泛討論與了解 TikTok、字節跳動、短影音這種內容格式，對中國的網路公司有整體性的深入了解。

　　我自認不是字節跳動的擁護派或反對派，書中嘗試客觀描述這家公司，正反特質並陳。我希望完整呈現字節跳動和 TikTok 到目前為止的故事，但我知道這只是一個開始。

免責聲明

　　本書不是由字節跳動贊助，作者與字節跳動或字節跳動的任何關係企業沒有關聯或商業合作。事實上本書沒有任何組織的贊助或支持，我撰寫本書也沒有任何政治立場或目的。

　　本書表達的意見、解讀和理論架構代表我個人的看法，除非明確說明出處。

　　寫作本書時，字節跳動是私人企業，沒有義務發布經過審核的財務資料或使用者數據。如果將來公司上市，屆時發布的資料可能會與本書的量化數據點（quantitative data points）有所出入。

　　本書是廣泛研究的結果，多數研究都是以中文進行，來源多達數百處，包括：

- · 與字節跳動前任與現任員工的談話
- · 媒體報導與文章，其中最重要的列在本書的「引述作品」
- · 演講與深入訪談的影片
- · 分析師的報告與學術論文
- · 相關的社交媒體帳戶
- · 個人廣泛使用字節跳動（包括中文與國際）產品的經驗
- · 因為多年來在中國實地報導字節跳動的對手騰訊，對於中國手機網路產業所累積的知識基礎

　　中國的網路內容有很嚴重的連結失效問題（link rot），本書提供的來

源連結可能會因為內容被搬移或去除而無法看到。我已盡力確認與交叉比對資訊，當來源互相衝突時寧可過度謹慎。

關於三張王牌

張一鳴
字節跳動
創辦人

張利東
字節跳動
董事長

張楠

字節跳動最重要的三位高階主管都姓張。[1] 為了避免混淆，我在本書的英文版本都盡可能只使用名字，冒著有時候顯得過度熟稔或非正式的危險，為此我要表達歉意。字節跳動的企業文化鼓勵直呼名字（姑且不論說明這點有沒有用），創辦人張一鳴曾在一封寫給全公司的電郵中表示，禁止使用頭銜來稱呼別人，堅持員工只以一鳴稱呼他。

匯率

書中的幣值不是以美元就是以人民幣表示，除非另外說明，否則都是設定為一人民幣＝〇・一四美元。

謝辭

　　二〇二〇年對我們所有人都是艱困的一年，基於種種陰錯陽差的理由，也是很難忘懷的一年。首先，我要感謝家人的愛與支持，讓我在研究與寫作的過程不致喪失理智。

　　我要感謝 Rita Liao 在漫長的旅程中當我的共鳴板和指引者。一個編輯願意挑戰你的假定，提供建設性的質疑，對作者的幫助不容小覷。有時候我會患了見樹不見林的毛病，她總是努力把我拉回正軌，對此我只有稱許。她的付出對這本書的幫助非常大，沒有她就不會有現在的樣貌。

　　非常感謝那些幫忙閱讀初稿的人，尤其是 Ed Sander，他的巨細靡遺和充滿智慧的提問真的很寶貴。

　　我還要感謝寫作本書的這一路上，曾經在不同的時間點給我靈感、建議和支持的人，包括 John Artman、Pascal Coppens、Elijah Whaley、Fabian Bern、Bernard Leong、Jeffrey Towson 和 Kit Harford。

　　多年來我愈來愈沉浸在中國的網路世界裡，一些人的思想和著作讓我獲益匪淺，尤其要感謝下面這幾位的作品豐富了我的思維：Pan Luan、Jason Ng、Tracey Xiang、Rio Nook、Huang Hai、Sheji Ho、Jordan Schneider 和 Dan Grover。

　　最後要謝謝對本書做出重要貢獻但希望不要透露姓名的朋友，你們知道我說的是誰，謝謝你們。

|第一部|

後端

演算法推薦

瞞天過海

「你以為成為網紅就只是拍攝有趣的影片嗎？拜託，別太天真！」[2]
　　　——經理

上頭的房間發出微弱的嗡嗡聲，不知為何潮濕的樓梯間有塑膠包裝的氣味。金屬門嘎吱一聲打開，經理隔著濛濛煙霧說：「就是這裡，我們全放在地下室。」兩位客戶遲疑地踏進去，眼前的景象讓兩人都說不出話。

眼前數千支智慧手機整齊排在鐵架上。[3]螢幕閃動不停，忙碌地進行某些活動。在這個沒有窗戶的大房間裡，水泥地上錯綜複雜交纏著許多線路。

一位客戶好奇地走過去拿起一支還連著線的手機，拿在手裡看得入迷——手機正在自行運作：在不同的 app 之間轉換，捲動動態消息，選擇影片。速度緩慢，經常停頓，這些設計是為了模仿人類自然的行為。效果讓人既著迷又深深感到不安，無數自動化的螢幕靜默閃動，合奏一齣鬼魅般的管弦樂。看不見的指揮棒是一台個人電腦，每一支手機都以線路連結電腦的中控系統軟體。[4]

經理走向拿著手機的客戶，拍拍他的背。「你以為拍攝有趣的影片就能成為網紅嗎？」說著發出爽朗的笑，似乎覺得自己的提問很有趣。「拜託，別這麼天真！看看吧，看你對哪些服務有興趣。」兩個客戶互看一眼，似乎被嚇到，不確定誰該開口。其中一人有些怯怯地回答：「主要是抖音。」他指的是中國版的 TikTok。經理笑了。「你們不是特例」，他對兩人露出狡猾的笑容，伸手進口袋拿東西。「這裡一半的手機整天都在滑抖音，幫助你們這種人。」他拿出發皺的軟包裝肯特煙，遞給客戶：「抽煙嗎？」

這個地下室工廠是典型的「點擊農場」。中國各地有數百處這樣的地下工廠，在現代的網路眼球經濟中扮演關鍵角色。

業者必須避開機器人流量偵測系統，還要承擔偶爾被關閉帳戶的職業風險。虛擬模仿軟體很容易被偵測出來。儘管要耗費設備和電費，使用實體裝置還是可靠得多，只要透過 USB 線控制便宜的安卓智慧手機，就可以利用軟體，模擬真人的點擊和滑動。

幫助人欺騙演算法和操縱網路眼球是一門有厚利可圖的生意，總有願意

上門的顧客。假按讚、殭屍追蹤者、模擬直播觀眾、自動化評論、比賽投票作假、大量舉報內容使其下架等等——「服務」內容多不勝數。

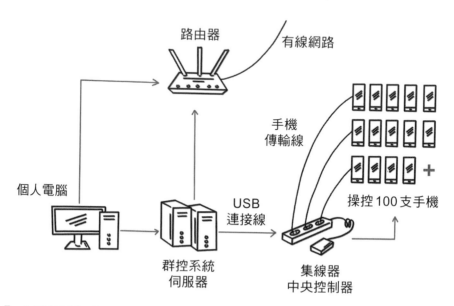

路由器　有線網路

手機
傳輸線

個人電腦

USB
連接線

操控 100 支手機

群控系統
伺服器

集線器
中央控制器

▎典型的點擊農場設備[5]

　　經理略微仰頭，朝水泥天花板噴一口煙：「我們銷售套裝服務。以抖音來說，三百五十人民幣（五十一美元）可以給你一萬個讚，十萬次觀看，五千次分享，五十則評論。」客戶同意地點點頭，價格很合理。

　　經理繼續說：「最重要的是分享。」兩個客戶再次對望，不確定是否應該說什麼。最後其中一人打破沉默：「我們聽說『觀看完成率』（watch completion rate）是最重要的。」

　　經理深吸一口煙，將煙蒂丟在地上，慢慢在水泥地上捻熄。經過讓人不安的冗長靜默，他抬頭凝視發話客戶的眼睛。

　　「中國每個賣家現在都在玩這套系統，你要學的還很多。」

玩弄TikTok演算法基礎教學

每天有幾百萬幾百萬支短影音上傳TikTok，絕大多數的瀏覽數都不怎麼樣。每支影片有多少人觀看，主要取決於系統不斷改變的神祕演算法。要成功騙過系統，關鍵在於了解這些演算法如何運作。

一支影片一上傳到TikTok，影片及文字敘述便排隊通過自動化審核。系統利用電腦視覺（computer vision）分析與辨識影片裡的元素，接著以關鍵字加以標註和歸類。影片若被懷疑違反平台內容的規定，就會標記由人力審查。審查時會將影片與龐大的檔案交叉比對，看內容是否重複。這套系統的設計是要預防抄襲、下載人氣影片、去除浮水印、重新上傳到新帳戶等。被認定為重複的影片會被大幅降低能見度。

篩選完後，影片會發布到數百位活躍使用者的小群體。接著分析觀看完成數、[6]讚數、評論、平均播放長度、分享數等指標，以評估影片在其垂直類別中的人氣。表現好的繼續往上晉一級，這時影片便會發布給數千名活躍使用者觀看。同樣再評估更多指標，表現最佳的影片再往上晉級，曝光給更廣大的觀眾。隨著影片層層上移，便有機會讓數百萬使用者看到。

這個過程不是完全由演算法運行。進入較高層級後，會由內容審查（content moderation）團隊真人觀看影片，依循一套嚴格的規範判斷，確定沒有違反平台的服務條款，或牽涉任何智財權的問題。也有影片晉升到一百萬觀看次數，卻在進入真人審核過程時突然被拿下來。

在TikTok這樣的平台，有這麼大量認真閱聽的使用者，想要找尋漏洞和捷徑來玩弄系統的不良分子當然不會少。你確實可以鎖定一個帳戶，運用點擊農場的服務，以人為手段讓演算法用以評斷影片人氣的指標提高，大幅提升影片被晉級的機會。

比較沒有顧忌的行銷人員不會將雞蛋全放在一個籃子裡，只提升單一帳戶的指標，而會同時操作幾十個甚至幾百個類似的帳戶，進一步提高成功的機率。他們可能會將較長的影片分割編輯成較短的片段，使用不同的濾鏡和效果，避免系統偵測到內容重複。

隨著平台採取愈來愈嚴格的各種方法來偵測與反制不道德的行為，這已變成一場永無止境的貓捉老鼠遊戲。但每次平台好不容易關閉一個漏洞，很快又會被發現另一個。

人們自有一套辦法因應：一邊規模化運作大量帳戶，一邊規避偵測。新帳戶必須先「培養」，才能讓平台判斷值得信任。培養方式就是模仿典型使用者可預期的行為。設立新帳戶後，若是立即批次上傳預先編修好的影片，鐵定會被「隱形禁止」（shadow-banned），[7] 帳戶會變得無法使用。最好的做法是被動觀看影片至少七天再張貼任何內容。剛開始幾支影片最好在 app 內拍攝，使用手機的照相功能。每個帳戶一定要使用不同的手機號碼和 SIM 卡。絕不要透過多個裝置登入——這會明顯洩漏是專業人士在操作帳戶。人要欺騙機器，就必須極其小心注意細節。

這些做法歸根究柢只為了一個目標：騙過 app 的推薦系統。推薦就是運用機器學習，純粹依據使用者的行為推算出人們偏好的內容，這是 TikTok 的核心技術。要了解 TikTok 及其母公司字節跳動為何成功，這是關鍵。

當年推薦技術還很新穎，字節跳動是中國最早「破釜沉舟」投入經營的網路公司，不畏艱難致力建立推薦引擎，挑戰人力篩選（curation）的現狀。早期的這項賭注獲得豐厚的報酬。TikTok 在這款 app 還未建立之前就已奠下成功基礎，但為什麼會由字節跳動這家公司擔綱演出？這並非偶然。

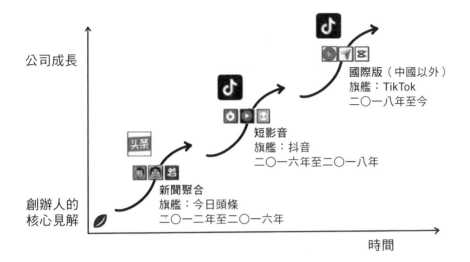

▌字節跳動的三個成長階段，二〇一二年至二〇一六年的新聞聚合，二〇一六年至二〇一八年的短影音，二〇一八年之後走向國際

　　今日的字節跳動是觸角很廣的企業巨擘，就像其他大型的網路企業集團，公司的業務已擴展到各種網路服務，包括遊戲、教育、企業生產力、支付等等。但最主要還是靠三大事業體：頭條、抖音和 TikTok，在二〇二〇年本書撰寫時，三者提供公司增加估值與快速成長的核心動能。

　　這些事業能欣欣向榮，凸顯公司利用突破性的旗艦產品帶動三個成長階段，藉此觸及數億新使用者。每個階段都有一系列輔助性的 app，包括自行開發和併購者，幫助公司提供非常多樣的服務與產品類別。

　　每個階段都是直接建立在前一個階段開發的產品與技術基礎上。TikTok 的成功是因為複製它的中國姊妹 app（抖音）的技術、產品經驗和宣傳法則。抖音的成功又是仰賴頭條開發出來的推薦引擎、營運專業和資金——頭條這個新聞聚合 app 讓字節跳動成為中國家喻戶曉的公司。最後一點

同樣很重要，頭條的成功可以歸因於公司創辦人張一鳴早期的遠見與果斷。

　　早在二〇一一年，經驗豐富的企業家張一鳴已體認到，人類接受資訊、與資訊互動的方式將因智慧手機而產生深遠的改變。當時沒有人能預見接下來的發展，但字節跳動創立之始就已植入這顆思想的種子，最後透過 TikTok 的全球攻城略地開花結果。套用賈伯斯的話：「你無法預先知道現在所發生的每件事如何指向未來，只有將來回顧今日時，才會明白這些點點滴滴如何造就出今日的你。」

　　要了解 TikTok 及其背後的公司字節跳動，我們必須從最源頭開始──中國東南方一個小村子，張一鳴的家鄉。

第 1 章
一鳴驚人

「活出熱情，活出節奏。」

「從很多量化指標來看，張一鳴都堪稱世界上最了不起的企業家。」[8]

——《時代》雜誌二〇一九年

本章時間表

張一鳴回想：「**我很早就開始閱讀。**」[9]

「大約是幼稚園讀到第二年時，我爸就訂了兒童週刊讀物給我了。」從此養成熱愛吸收資訊的終身習慣。讀到小四時，張一鳴開始讀簡單的小說、傳記、報紙、期刊。很多小孩愛看卡通，張一鳴卻偏好科幻小說和神話。

他聲稱初中時每週讀二、三十份報紙，從地方小報到全國性日報，每篇文章都一字不漏。張一鳴在後來的一篇文章中說，對於小時候沒有太多選擇感到挫折，因為他只能閱讀眼前看得到的讀物。「我常想如果小時候有 Kindle 和 iPad，有維基百科和 YouTube 可以看，我一定比現在聰明得多。」

父母很鼓勵他閱讀，他們幫他取名一鳴，明顯看得出望子成龍的心情。出身寒微的人突然飛黃騰達稱為一鳴驚人，[10] 觀諸一鳴後來的人生軌跡，這名字還取得真好。

張一鳴生長於中國農村，出身並不富裕，但已可看出非常好學，求知若

渴，強烈追求自我成長——這些特質事後證明對他未來的事業非常重要。

　　張一鳴讀小學時的夢想是成為科學家，這無疑是受到父母的科學背景影響。張一鳴的母親是護士，父親是龍巖市科學與科技委員，在家中常會討論最新的科技。

　　張一鳴的父親張漢平後來辭職，前往正在蓬勃發展的「世界工廠」試試運氣——也就是西南方將近五百公里的珠江三角洲。他在鄰近深圳和香港的一個生龍活虎的工業城東莞成立電子工廠，賺的錢足以好好栽培生長於純樸鄉下的張一鳴。他家不算富裕，一般稱為「小康」。

　　張一鳴的老家在福建西邊龍巖市孔夫村，[11] 福建是沿海省份，與台灣相對，傳統以經商、多山、茶葉文化聞名。孔夫村的居民為客家人，張一鳴家也是，說的是多數中國人聽不太懂的客家方言，甚至有自己的客家菜，張一鳴在外時非常想念家鄉菜。

沒沒無聞的大學生活

　　張一鳴說過一句名言，說他在創業時同時創立了兩種產品：一是面對消費者的平台，一是公司本身。這位企業家可能在這些年來也開創了第三種產品：他自己。

　　張一鳴誠然將人生當作軟體產品在經營，透過不斷測試和迭代改進（iterations）力求優化，創造一套方法幫助自己做出人生的抉擇。[12] 一個早期的例子是大學選校，這可能是中國年輕學子最重要的一項決定。通常都是先和父母進行冗長的討論和商議，接著再仔細評估研究。張一鳴的做法是考慮何種結果對他個人最重要，全部歸結為四個條件，依據這四個條件篩選數百個選項，幾分鐘內便依據前提推出結論。

　　二〇一九年這位企業家回母校南開大學，[13] 對滿座的學弟妹解釋他的選擇：「首先必須是知名全方位的綜合大學。」因為性別比例會比純科學為

主的大學更平衡，較容易交到女友。張一鳴也確實在南開大學交到第一任女友，最後還結婚了。

「第二，必須靠近海。第三，必須遠離家鄉，第四，冬天必須下雪。」他生長在南方濱海的福建省，很少下雪。

符合這所有條件的只有距北京一小時車程的南開，其後四年的大學生涯就是在這裡度過。

這個故事清楚凸顯張一鳴的決策過程。他依據既定的條件簡化複雜的決策，對單一「最佳結果」深信不疑，雖則那往往不同於別人的預期。南開是中國的前二十大學府，當然不是差勁的選項，但多數中國學生嚮往的是更有名的學校。然而對年輕的張一鳴來說，真正重要的是冬天下雪、交到女友、離家的自由以及鄰近美味的海鮮。

他一開始想要讀生物，當時這門學科被視為「二十一世紀的領頭羊」。只可惜分數不夠高，只好退而求其次讀電機工程，但讀沒多久又轉讀軟體工程。他的邏輯是：電機工程「沒有太多機會將教科書的理論應用到現實生活」，相較之下電腦程式設計的週期短很多，可以更快速看到成果。[14]

他的話不多，至今仍維持一張娃娃臉，在校園並不引人注目。他的成績很好，但從來沒有融入學校的主流社交圈。他也不像其他好成績的同儕懷抱遠大的計畫。「我沒有參加任何學生社團，也沒有讀 GRE（美國研究生入學考試）準備出國留學，[15] 那些夢想我都沒有。」

第一學期開始不久，他在宿舍擺了台桌上型電腦，練習寫程式，熟悉新興的網路產業。張一鳴和同儕不同，很少玩牌、沉溺線上遊戲或看電影。他給自己起了一個「道德狀元郎」的封號，[16] 努力追求自我成長，課餘時間不是寫程式、閱讀就是修電腦──他事後認為這三件事對於他培養耐心、知識和友誼有很大幫助。

他追求的是「有耐心，能獨處，並基於長期思考做判斷，而不為短期因

素所干擾，耐心地等待你設想和努力的事情逐步發生，這對創業來說是非常
重要的事情。」

　　儘管興趣狹窄，時間又排得滿滿的，張一鳴還是撥出時間讓自己有較自
然的機會和人建立關係。但就連這些事情都是為了達到最佳結果。除了前述
的寫程式，張一鳴常幫人修電腦，這是認識人的好方法。請他幫忙的多半是
女同學，包括他未來的妻子。[17]

　　張一鳴娶了第一任女友，兩人是透過大學網路 BBS 認識的。[18] 他因為
幫同儕修電腦的技術最高超，在 BBS 頗負盛名。張一鳴後來解釋和初戀情
人結婚的理由：「如果這世界上有兩萬人適合我，我只需要找到這兩萬人當
中的一個就可以了，這是可接受範圍內的近似最優解答。」[19] 多麼浪漫！

　　聽到他說這類話，很容易讓人以為張一鳴一定是沒有感情的機器人。
但想想他一連串的創業，在商場上野心勃勃的大膽賭注，這樣的描述未必正
確。不過，張一鳴個人生活很保守，事業上卻展現大膽野心，兩者的強烈
反差還是很奇特。多年後，張一鳴堅稱字節跳動實際上與大眾的印象恰恰相
反，是一家「浪漫」的公司，他對浪漫的定義是「能將想像力轉化為現實
──面對現實，改變現實」。

　　張一鳴在大學時雖然內向又很目標導向，還是很重視友情和同志情誼，
這對未來招募人才很有幫助。張一鳴不只兼職修電腦，另一項工作是幫企業
架設網站，加起來一個月可以賺兩三千人民幣（大約二八五到四三○美元）。
這對二○○○年代初的中國學生不是小數目，張一鳴會拿一部分錢請親近的
同學，大家熬夜趕作業後一起吃烤肉串。

　　他在南開的一些朋友幾年後加入張一鳴的字節跳動，其中最有名的是同
宿舍的梁汝波。兩人一起學電腦和程式，建立了深厚的友誼，共用電腦，每
個週末一起打羽毛球。

　　和梁汝波及其他大學同學吃烤肉串對張一鳴是很美好的回憶。字節跳動

搬到北京較大的新總部時讓他很興奮，因為可以在屋頂架設炭烤架，享受最愛的消夜。「讓我想起在南開的快樂日子。」[20] 這很有意思，因為張一鳴在人們的印象中不是容易興奮的人，大家一貫形容他是個出奇平靜理性的人。[21]

大學四年，張一鳴的成績一直不錯，但不是很出色，少數的一個亮點是大四時寫的電路板自動化軟體贏得比賽第二名。他的同學和老師都沒有想到，這個不起眼的邊緣人——甚至有些無趣的同學——後來會成為世界上最有成就的企業家之一，主導設計的一些 app 會主宰幾億人的數位生活。[22]

進入職場

梁汝波認識張一鳴很多年，形容好友的主要人生觀是「追求卓越」，或者說努力「逃避平庸的重力」。這多少可以解釋，張一鳴為什麼一畢業就投入創業，和兩個同學合作開發辦公系統協同軟體。

但計畫很快就失敗了，他的概念對當時的中國市場太先進，軟體沒人買——一部分是因為團隊未能有效宣傳產品的效益。張一鳴並未氣餒，他有一個特點和中國多數大學畢業生不同，他似乎不那麼重視穩定，反而很有興趣冒險投入深具發展潛力的新領域。他很少表現出對物質或個人的財富有多大興趣。當然，他父親經營電子工廠，賺的錢能提供他一定程度的社會地位、穩定的經濟、追求興趣的自由，對他的幫助很大。

張一鳴想要尋找新的挑戰，將他的軟體工程資歷和聯絡資料張貼到網路論壇找工作。沒多久，另一位南開校友和他聯繫，邀他加入新創的旅遊事業酷訊。這家新興的網路機票與飯店搜尋引擎網站請張一鳴到北京面試，張一鳴提出一項很有用的建議，幫助他們改善技術，讓面試官印象深刻，立刻獲聘為第五位員工。不到幾個月，張一鳴成為公司的核心幹部。他後來在演講中透露：「一開始只是一個普通工程師，但工作到第二年，我在公司管了

四、五十個人的團隊，負責所有後端技術，同時也負責很多產品相關的工作。」[23]

「當時我很年輕，可以夜以繼日地工作，可以熬夜。即使早早下班，我通常也會看書學習到深夜一兩點。那段時間我感覺很充實，兩年的時間日夜都在學習。」他把握機會盡可能充實自己，甚至跟著銷售團隊一起去拜訪客戶。張一鳴認為這段經歷對於多年後字節跳動成立第一支廣告銷售團隊很有幫助。

後來在字節跳動，張一鳴聘用新人時會以自己年輕時的樣子為本——年輕、認真、有衝勁。中國的整個網路產業就是建立在善用這些沒有經驗的社會新鮮人。中國的私部門經濟發展快速，充滿變化，很多領域的競爭都很激烈。利潤豐厚又快速擴展的網路服務業，更是將這些特質加倍放大到全新的層次。

經營事業就像打一場殘酷的游擊戰，開發人員、工程師、營運人員都在非常艱辛的時程下拚死命工作，執行速度高於一切。企業會跑去大學招募年輕未婚、有志上進的「第一線士兵」，這類員工願意在三十五歲時被榨乾，換取豐厚的酬勞或透過首次公開募股快速致富。[24]

張一鳴的新雇主酷訊的成績還不錯，但不是特別突出，在中國的網路業卻保有近乎傳奇的地位。公司最巔峰時也只有員工一百七十人，但其中三十多人後來成為活躍的企業家，自己創立網路公司。[25] 在「酷訊創業幫」當中（類似矽谷知名的「PayPal 黨」），張一鳴是最傑出的。

酷訊的創辦人之一陳華野心極大，夢想和搜尋引擎巨擘百度競爭，努力成為「中國的谷歌」。但那時百度已難以動搖，成功阻擋谷歌搶奪市占，谷歌後來自動離開市場，[26] 讓原本的競爭對手在中文搜尋市場取得近乎壟斷的地位。百度在那斯達克上市時，張一鳴剛從南開畢業。到二〇一一年三月，百度的市值達四百四十五億美元，超越騰訊，成為中國最有價值的網路公司。

　　陳華明白，在「一般搜尋」領域和百度競爭的機會已經過去了，轉而注意規模較小但仍然相當可觀的旅遊業垂直搜尋市場，包括機票、飯店、旅程的訂票。陳華曾懷抱遠大的夢想，想要有朝一日挑戰堅不可催的百度，這個夢終究滲入酷訊的很多人心中，尤其是年輕的張一鳴。很多人沒有料想到，後來實現陳華夢想的人正是張一鳴。

　　不幸的是，酷訊才剛在市場上越來越受歡迎，公司卻在創辦人離開後陷入管理不當的混亂期。張一鳴體認到是應該往前邁步了，二〇〇八年進入北京的微軟亞洲研究院（Microsoft Research Asia Institute；MSRA），[27]希望在全球最負聲望的科技公司好好學習。

　　結果卻與他的預期大不相同。回顧在微軟的那段時間，張一鳴形容那是事業生涯中最無聊的一年。轉換到步調緩慢、規則一大堆的大企業環境，帶給他很大的文化衝擊 。他發現自己半天的時間都沒事做，太無聊只好投入他最愛的習慣，他坦承「讀了很多書」。[28]那段時間他大量閱讀內容豐富的自傳，最喜歡的書籍包括史蒂芬・柯維（Steven Covey）的生產力經典《與成功有約》（*7 Habits of Highly Effective People*），美國傳奇執行長傑克・威爾許（Jack Welch）所寫的商業經營聖經《致勝》（*Winning*）。遵循流程與專注細節在微軟能獲得獎賞，張一鳴認為這是無效率的工作方法，讓他倍感挫折。他的感想是：「我覺得這種文化不適合懷有特殊想法和充滿幹勁的人……我還是偏好富挑戰性和創造力的生活。」

　　在微軟期間，張一鳴在北京買下人生第一間公寓——這對於他那個年紀的任何人都是一件大事。中國人很重視買房子，尤其對年輕男性而言，因為傳統文化期待年輕男性要先有房再娶妻。對任何中國人來說，在北京擁房都是人生的重要里程碑，這裡的房價和紐約或倫敦不相上下，得花數十年才能付清房貸。標準做法是和朋友同事討論，和家人親戚認真商量，找多家房產公司比較，親自到各個建案參觀很多次。

張一鳴的方法當然不同。他設計一套軟體程式，爬網收集網路上關於北京房市的所有資料，然後放入資料庫，做出多張excel試算表後，進行運算，排序所有選項，最後得出單一最佳答案。他拿著資料去找房仲，只給一個簡單的指示：「幫我在這一區找一間公寓。」

一年後那間公寓漲了一倍以上。當然，當時整個市場都在上漲，但張一鳴選的那區在那一帶漲最兇。這個故事再次凸顯張一鳴制定重大決策時不會受限傳統方法，勇於質疑現狀。他會簡化耗費時間的複雜決策，選擇有效率地依邏輯比較資料，得出單一最佳解方。後來他出售那間公寓，籌資創立字節跳動，此舉清清楚楚證明，他對初期的團隊成員和投資人是全力以赴的。

中國的推特

張一鳴在酷訊期間認識另一位年輕的企業家王興，這位敢衝敢拚的小咖後來成為中國商界最具影響力的人之一。王興和張一鳴都出身龍巖市，距離他們在北京的工作地一千六百公里。王興當時二十九歲，比張一鳴大四歲，父親也是開工廠。王興同樣讀電腦工程，臉書的成功經驗激勵他放棄在德拉瓦大學（University of Delaware）的博士課程，回鄉成為網路創業家。張一鳴和王興志同道合，兩人都是遠離家鄉的科技宅，要在中國網路新興事業這個混沌的蠻荒西部拚出一片天。

王興說服張一鳴加入他新創的事業飯否，那是專為中國市場打造的山寨推特。張一鳴在科技大老微軟待了一段時間後重回創業的世界，又有了如魚得水的感覺。他擔任技術合夥人，負責飯否的搜尋功能、趨勢話題和社群分析。飯否發展快速，當時被視為中國網路業最明亮的一顆星。

張一鳴後來回想在飯否的時期，他的一大領悟是，使用社交網路（social networking）和取得資訊是多麼不同的兩回事。在飯否或推特這樣的平台，使用者都是在和朋友溝通，保持聯絡，分享想法。同時他們也在

消費資訊，如突發新聞或感興趣的文章。這兩件事很容易混在一起，但代表的是兩種不同的需求。清楚區分這兩點對於張一鳴日後設定字節跳動的初期方向很有幫助。

二〇〇九年七月飯否的發展戛然而止。在中國極西省分新疆的首府烏魯木齊，因當地信奉回教的維族發動抗議爆發騷亂。按中國當局的說法有將近兩百人喪生，多數是漢族，但維族聲稱死傷人數更多。[29]為緊縮對網路言論的控制，北京展開史無前例的網路鎮壓。

新疆全省的網路關閉九個月，全國數千網站被禁用和封鎖，包括推特、飯否和臉書。一年半後飯否終於獲准重開，但當時新興的本地業者新浪微博已興起，並輕易席捲微博市場，贏得「中國推特」的王冠。

在中國經營的所有媒體公司都得面對一個風險，就是被審查，因此一定要詳細了解與事先預期當局的規則，這攸關公司的存亡。飯否一夕關閉，讓張一鳴第一次體驗到，違反北京的網路規定會造成業務嚴重停擺。這不會是他最後一次的體驗。

不久，王興把注意力轉移到下一個事業美團——後來成為中國規模最

推特　　　　　　　　　飯否

▎推特和飯否的使用者介面並列比較

大、最成功的美食外送服務和餐廳指南網站之一。今天，王興和張一鳴都是中國最受尊敬的執行長，兩人一直維持好友關係。

張一鳴成為執行長

飯否的網站關閉後，張一鳴無事可做，等了兩個月才離開。這時創投業者王瓊趕緊抓住這個機會，說服張一鳴加入新事業。王瓊是美國金融巨擘海納的中國創投分支，海納中國創投基金（SIG China Investment）的常務董事。她很了解張一鳴，因為當初就是她帶領海納對酷訊進行投資，張一鳴的能力讓她印象深刻。

幾年前，王瓊對張一鳴的第一印象並不好，剛開始有些疑慮。「見他的第一眼，覺得他就像個高中生，心裡還打鼓說酷訊怎麼就用這麼個小男生，來領導公司這麼重要的業務線？但當他對整個董事會講完他的布局……他的視野、他對技術的理解與駕馭，當場得到了我們的認可。」[30]

她對張一鳴的印象來自酷訊的次要業務線，一個主打房產資訊的搜尋部門，這部分看來比核心的旅遊和飯店搜尋業務更有利可圖。王瓊認為有機會發展出專營房產搜尋的入門網站，有點類似美國的線上房地產資訊網Zillow。

他們將網站取名九九房網。張一鳴帶領一個小團隊，成員包括他在南開的室友梁汝波。公司不算大獲成功，但從很多指標來看都表現得不錯，張一鳴證實有能力帶領團隊。到二〇一一年十二月，九九房網每天有三十萬訪客，成為中國第三大房產資訊網。

九九房網已是張一鳴六年內的第四次創業。他接觸了這麼多種工作環境、技術、產品，對於他後來在字節跳動的工作影響很大。張一鳴的工作經驗跨越多個垂直面，從企業軟體、旅遊到房地產都有涉獵，在經營內容入口、搜尋引擎、社交網路等方面吸收了實用的技術知識。同時他也體驗過南轅北

轍的各種公司文化和管理風格，曾經待過厭惡風險的微軟，也曾與最大膽最有野心的新創事業創辦人並肩作戰過。在九九房，他學到如何領導。

在處理員工問題時，張一鳴以極度溫和著稱。如果他對某個員工的表現不滿意，他會試著以溫和說理和誠懇鼓勵的方式來處理問題，員工說這個方法自有一股魔力。根據很多人（包括梁汝波）的說法，張一鳴認為憤怒是無用的情緒，是心智怠惰的表現。他努力追求的是「溫和的愉悅和溫和的沮喪」之間的理想狀態。

智慧手機app的時代來臨

二○一○年代初，中國的網路業發生劇烈的變化，這個快速變遷的產業面貌將激勵字節跳動發展出最成功的 app。二○一一年末，iPhone 4S 的推出是一個里程碑。推出後大轟動，本地消費者繞街排隊爭購。那年是智慧手機的突破年，大約一‧一億支手機運到中國，超越先前好幾年的總和。[31]

在智慧手機之前，鄉村的中國人使用的是功能型手機，除了少數昂貴的網路服務都可使用，但很難用。由於螢幕解析度低，使用經驗太差，使得手機銷量受阻。在此之前，個人電腦一直是上網的預設裝置，透過網路瀏覽器和安裝好的軟體程式，在固定的室內地點，如辦公室或網咖的大螢幕上顯示。

對多數中國人而言，智慧手機的到來，讓資訊的取得產生革命性的改變，程度遠大於西方國家。中國傳統媒體如書籍報紙電台電視都由國家嚴格控管，多數時候根本是直接控制。相較之下，網路是資訊傳播的「蠻荒西部」（wild west），複雜又快速的變化讓法規跟不上腳步。民營的網路媒體逐漸發展出不同的樣貌，網紅也在學習如何累積龐大的追蹤數。

隨著智慧手機的時代來臨，透過網路取得服務與資訊的市場將大幅擴展。這種新式手機與個人電腦大不相同，螢幕小很多。手機就放在消費者的

口袋,這代表隨時隨地取得網路資訊已經成真。中國快速變成風靡智慧手機的國度。多數人不曾擁有個人電腦或筆電,但在中國數百個大城市,很快地幾乎每個工作年齡的成人都有智慧手機。

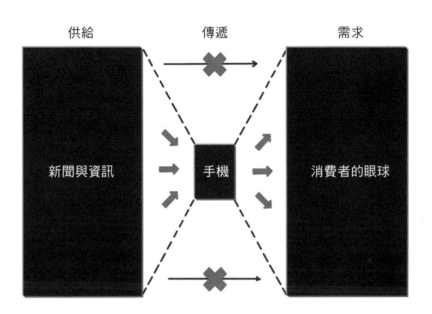

供給　　　　　傳遞　　　　　需求

新聞與資訊　　　手機　　　消費者的眼球

▍手機成為新聞與資訊傳遞的主要媒介,也就成了觸及消費者的必爭之地

　　人們取得資訊的方式正開始發生巨大變化,張一鳴意識到他正見證這一切。二〇一一年初,他搭北京地鐵時,四周的通勤族仍在閱讀紙本報紙,不過才幾個月,多數人都變成用智慧手機看了。

　　張一鳴評估:「這是資訊傳播的革命。手機可能會取代報紙,成為資訊傳播的主要媒介。又因為人和手機的對應關係,個人化推薦的需求一定會增加。」[32]

　　他的觀察很準確,不只是新聞和資訊出現變化,每個人口袋裡的小螢幕也將成為中國最有價值、競爭最激烈的資產,這已儼然成為爭奪眼球的新要

塞。網路業其他領導者也強烈意識到周遭正在發生巨大的改變。微信創辦人張小龍甚至聲稱：「手機是身體的延伸。」

張一鳴加倍投注在手機的發展上。其後半年，九九房推出五款手機app，瞄準房產市場的不同次類群，如二手房產和租賃市場。[33] 整個 app 系列吸引了一百五十萬手機使用者，其中超過十萬人是每日活躍用戶，讓九九房一躍成為中國房產 app 這個利基市場的主宰勢力。

對多數人而言，買房牽涉到漫長的決策循環。買賣雙方都必須持續關注最新的新聞，例如新建案或當地政府的政策改變。為滿足這個需求，九九房開發一款 app，簡單取名「房產資訊」，將主要新聞入口平台和人氣房產網站的文章集中起來。

這個服務背後的技術很基本，但滿足了真實的需求，也證明很受歡迎。他們將數千個來源的資訊集中單一提供到智慧手機上，這個做法蘊藏很多可能的發展——可以擷取、過濾、呈現最相關的資訊，速度超乎人力所及。張

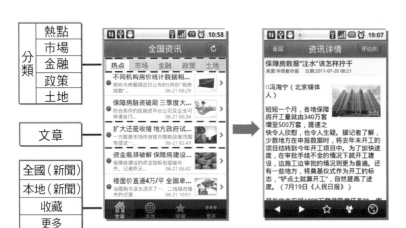

▍九九房房產新聞和文章聚合 app[34]

一鳴知道他們挖到潛力無窮的寶藏，只用在房產領域這類 app 可就格局太小了。

　　以後見之明來看，九九房的「房產資訊」app，顯然是字節跳動早期的旗艦 app「頭條」的直接前身。無論是編排、產品邏輯、甚至是報紙標誌都很相似。字節跳動也承繼了同樣的策略：設計互相支援的系列 app，發揮最好的效果。

　　張一鳴決定辭掉九九房執行長的職位，他無法讓自己再侷限於房產的單一領域。手機網路的興起對他這樣的企業家是終生難逢的契機，他覺得一定要嘗試能夠觸及每個人、更大規模的事業。

第2章
字節跳動初期

「他們都在想,我怎麼可能去加入這麼低級的工作?甚至工程師都有不來的。」

──張一鳴回想字節跳動發展初期

▋二〇一三年字節跳動同仁在最初的公寓改裝辦公室合影

本章時間表

- 二〇一二年一月——字節跳動推出第一款 app「搞笑囧圖」
- 二〇一二年三月——字節跳動正式成立
- 二〇一二年五月——推出第一款 app「內涵段子」（暗示的笑話）
- 二〇一二年七月——中國海納帶領字節跳動的第一輪投資
- 二〇一二年八月——旗艦 app 頭條上線
- 二〇一二年九月——第一款個人化推薦系統啟用
- 二〇一二年十月——頭條運作九十天後累積一千萬使用者
- 二〇一三年五月——尤里・米爾納（Yuri Milner）帶領字節跳動的第二輪投資

　　那一天極度寒冷。咖啡廳沒開燈，因為客人很少。外頭是北京無止境的灰色鋼筋水泥建築和冬天嚴重污染的天空。王瓊到達時看到穿黑夾克、戴眼鏡、瘦削的張一鳴坐在角落，正在看書。

　　全中國的人都在和家人慶祝農曆新年，張一鳴卻全心投入開發 app 的構想。一週的假期一結束，他便和王瓊聯絡，王瓊是一開始說服他經營九九房的投資人。兩人約在距離中關村辦公室不遠的咖啡廳碰面，北京中關村是中國與矽谷最相似的地區，中國一些最大的科技公司都聚集在此。

　　三個月前他告訴王瓊他要趁著新的手機網路風潮，在房產以外找「某種事業做」。現在他對「某種事業」有了清楚的想法。兩人開始交談。

　　討論到一半，張一鳴拿起桌上的一張餐巾紙，開始描繪他的構想。王瓊很容易就被說服了。創投業投資的是人，她相信張一鳴——他甚至願意賣掉房子投入新事業。王瓊同意提供天使資金八萬美元，另外保證主導公司的下一輪籌資。

　　張一鳴另外從自己的人脈獲得更多資金，加上好友劉峻和周子敬投入的錢，總計有兩百萬人民幣。王瓊無疑是字節跳動發展史上最重要的投資人。[35] 當時她不太可能預知結果，但那天和張一鳴的咖啡廳會面是她事業生涯的關鍵時刻，那筆交易是每個創投家夢寐以求的。將來字節跳動若是上市，海納可望得到好幾十億美元的報酬，甚至超越基準資本公司（Benchmark Capital）早期投資 Uber 的傳奇（Uber 首次公開發行時，基準資本持有的股票價值高達六十八億美元）。二〇一三年，海納大約擁有該公司一二％股權，據說現在仍然是最大的機構投資者（institutional investor）。[36] 撰寫本文時，字節跳動（包含 TikTok）估值超過一千億美元。

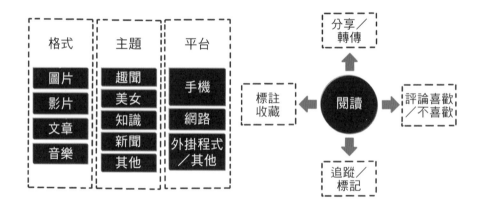

▌王瓊記憶中張一鳴寫在餐巾紙上的內容[37]

海納國際集團

　　美國金融服務公司海納國際集團（Susquehanna International Group；SIG）在美國基本上是避險基金，擁有投資銀行，另外還有鑽研公開市場的研究事業。但王瓊服務的區域分支中國海納是獨立運作的創投公司，投資未

上市企業。[38] 中國海納二〇〇五年進入中國，一開始在多種產業進行聯合投資，甚至跨入礦業、工業染整公司等領域。

王瓊在中國成長，赴紐約州立大學讀電機工程，之後在網路和電信業工作十三年，二〇〇六年加入中國海納成為在北京的合夥人。她的第一筆投資是酷訊，也是在那裡認識了張一鳴。

字節跳動是中國海納第一個天使投資案。王瓊充滿感情地回憶：「這筆〔初期投資〕讓我有幸參與了頭條從零到一的整個過程。我打心眼裡為頭條驕傲。」[39]

錦秋家園

字節跳動最早的辦公室相當簡單，全部就是兩間改裝的公寓。公司第一年設在錦秋家園第四棟D區六樓，距離北京西北的中關村科技園區十分鐘車程，周遭都是重點研究大學，如北京理工大學和清華大學。但除此之外，錦秋家園別無特色，不過是北京似乎無止境的單調住宅大樓裡的其中之一。

▌ 錦秋家園的大門[40]

張一鳴的團隊在一大間四房兩衛的公寓成立，搬進 Ikea 的辦公家具。月租二萬人民幣（當時約合三一七〇美元）。當新創事業初期尚未獲得消費者青睞，也沒有足夠的資金可以搬到較正式的辦公大樓之前，常會採取這樣

的策略。就像美國新創事業剛開始多利用地下室和車庫當辦公室一樣。

張一鳴很認真看待人力聘雇，早期親自為技術職位應徵數百人，經過幾輪嚴格篩選後建立核心團隊。另外他還從老公司九九房帶了一些重要人才，包括大學時代的室友梁汝波。張一鳴對於轉換角色和拋下舊公司沒有什麼懊悔，他的理由是：「創業就像賭博，成功的機率本就不大。你會為了失敗愧疚？」

錦秋家園帶給創始團隊家的感覺，他們請了一個廚師在公寓廚房煮給每個人吃，對三十多個員工來說，既省時又省錢。唯一的缺點是午餐前陣陣香味飄來，容易讓人分心。員工會在陽台一邊抽煙一邊聯絡感情。公司沒有正式穿著的規定——短褲運動衫是炎熱夏天的標準裝扮。在字節跳動發展初期，有一次張一鳴接受正式媒體訪問時帶著便當盒，腳穿涼鞋，讓記者大吃一驚。偶爾會有新進員工只做幾天就辭職，張一鳴後來回想：「他們大概覺得這家公司規模太小，沒有一樣是標準化的。」

▌張一鳴在錦秋家園辦公室的工作空間 41

同棟大樓頂樓是另一家小型新創事業，36氪，後來成為中國第一家在美國登記、以科技為主的網路刊物。同時間在同一社區有兩家知名的大企業在這裡創立，使得錦秋家園在中國的網路業帶有些許神話般的地位。

這是一家舞蹈社？

張一鳴在挑選公司名時採取很不傳統的方式——先取英文名，再回頭決定中文名。經過多番腦力激盪，他們的團隊想出「ByteDance」，據說靈感來自賈伯斯的名言：「只有科技還不夠。科技要結合博雅素養（liberal arts），結合人文，才能產生讓人心中響起樂章的成果。」[42]

取這個名字的邏輯是：位元＋舞蹈，byte（位元）是電腦資訊的單位，聽起來有科技感，dance 代表博雅素養。他們據此想出中文名：字節跳動，[43] 舞蹈變成跳動，一部分是因為公司擔憂被誤以為是舞蹈社。如果你覺得英文名有些奇怪，中文名可能更奇怪。

這段時間創立的中國網路事業，多半完全聚焦本地市場既有的龐大豐富商機，不太想到海外市場。字節跳動一開始就選擇英文名，足證該公司真的是「從創立第一天就放眼全球」——這是字節跳動有些陳腔濫調的口號之一。

為公司名提供靈感的賈伯斯幾個月前剛過世，在中國科技業引發震撼，因為他在中國廣受推崇。透過智慧手機提供網路服務的「app 經濟」是賈伯斯的獨創構想，字節跳動的整個事業就是建立在這個基礎上。

搞笑囧圖

二〇一二年初，張一鳴滿腦子都在思考資料探勘（data mining）和資訊推薦，研究中國和美國市場所有主要的網路內容平台。他得出一個重要的觀察——在中國 app 商店，排名最高的很多非遊戲 app 都是以輕娛樂為主。

黃河是字節跳動最早的手機 app 開發者，之前和張一鳴在九九房共事過，他說：「我們決定先透過娛樂打開市場。市場對娛樂的需求很明確。」

字節跳動甚至還未正式登記公司，成立不久的團隊就匆匆做出第一款 app「搞笑囧圖」，[44] 提供源源不絕、讓人看了成癮的有趣迷因和搞笑圖片。

離線
今日熱門

app標誌

爆笑
漫畫
動圖
萌圖
更多

▍二〇一二年字節跳動第一款app搞笑囧圖的螢幕截圖

　　接著很快推出第二款 app「內涵段子」，[45] 採取以網路迷因為主的類似定位。結果內涵段子立刻爆紅，幾個月便吸引數百萬使用者。兩款 app 類似但成績迥異，歸根究柢是因為名稱取得更好，以及優化資料儲存效能。

　　二〇一二年前半年，這家新創公司總共推出十幾款 app 測試市場，實驗不同的主題和方向。

Hilarious goofy pics
搞笑囧图

 Implied jokes
内涵段子

 Beautiful pictures
好看图片

 Implied comic strips
内涵漫画

 Trending Cars Paper
潮流车报

 I'm a foodie
我是吃货

 Inspirational quotes
精辟语录

 Choice pictures
美图精选

 Creative home
创意家居

 Fly Fly Videos
飞飞视频

Fashion Street Shoot
时尚街拍

 Super Hilarious Gifs
超搞笑动态图

Real Beauties - Every day 100 Beautiful Girls
真实美女-每天100位漂亮MM

Laugh so much you'll get pregnant
笑多了会怀孕

Sooner or later you've got to read this
早晚必读的话

▌字節跳動二○一二年最早期推出的一系列app

　　公司團隊在發想 app 名稱時，研究了中國版推特——新浪微博——排名最前面的帳戶，發現使用直白的語言最受歡迎。簡單明瞭的 app 名稱如「好看圖片」、「今晚必看影片」、「真實美女——每天 100 位漂亮妹妹」或許不太有想像力，對很多早期的手機 app 使用者而言，卻很能引起共鳴，立刻就能明瞭那是什麼 app。[46]

　　先前在九九房，張一鳴的團隊設計過五款房產 app 以測試不同的定位。現在轉到字節跳動，他將這套策略進一步修正為快速實驗的方法，快速推出新構想，測試多種功能，讓市場確認何者較有價值——這成為字節跳動推出新構想的一貫策略。

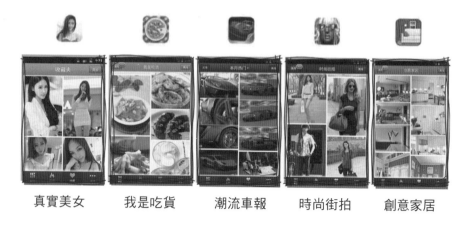

真實美女　　我是吃貨　　潮流車報　　時尚街拍　　創意家居

▎數款app的螢幕截圖可以看出都有相似的結構

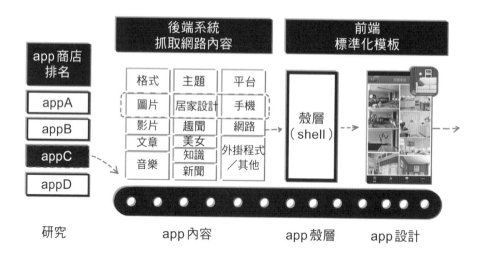

▎早期靠這套類似工廠生產線的系統快速產出app

　　由於在九九房累積了相當多的手機開發經驗，在字節跳動創造這些app，對張一鳴的團隊而言相當簡單。開發者黃河說：「當時做app的成本是很低的，設計個框架，套個殼，內容加個過濾器就全出來了。」[47]

　　還好很簡單，他們開發的 app 取「笑多了會懷孕」這類名稱，把公寓改裝成辦公室，執行長又是穿著運動衫和涼鞋上班，不幸的結果就是徵人不易。他們好不容易透過自己的社交網絡找來最優秀的工程師，往往很快就離開。張一鳴回憶：「想說服那些高段位的副總裁候選人肯定不行，他們會想：『這麼 low 的東西我怎麼可能會加入呢？』甚至工程師都有不來的。」[48]

　　對字節跳動比較幸運的是，當時中國的 app 開發還很粗略。很多與他們競爭的 app 會將很多套裝內容和 app 綁在一起，有點像是下載完整版的電子書，這種做法會讓 app 膨脹很多。相較之下，字節跳動的 app 輕薄短小，只有幾百萬位元。內容會透過連接伺服器不斷更新，後端系統定期爬梳網路內容加以分類。

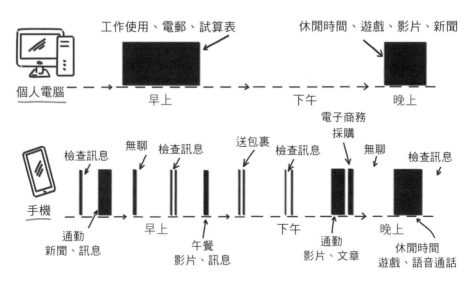

▎手機網路的使用高度分散──一小段一小段時間分散一整天。反之，個人電腦的使用通常是較長的一段時間

　　相較於使用個人電腦上網，用智慧手機消費文章、圖片、影片等內容是很不一樣的經驗。張一鳴估計有三大痛點：螢幕小、時間碎片化、資訊超載。但就他所見，中國沒有一樣產品同時處理這三個痛點。

　　他們需要一種旗艦產品，更有野心的產品。黃河解釋：「當時我們雖試了很多垂直領域，但終究必須做個大的東西。」

今日頭條

　　「就像祖克柏創辦臉書連結了人和人，崔維斯・卡蘭尼克（Travis Kalanick）創辦 Uber 連結了人和車，今日頭條[49]是讓訊息和人更廣泛和高效率地匹配。」[50]張一鳴後來這樣形容這項新旗艦產品的大格局願景。

　　該團隊著手設計更具野心、目標更宏大的 app，要將網路的各種內容集中整理。這樣的 app 將運用大數據和機器學習的技術，依據個人化的偏好提供量身訂製的訊息，不需要人力篩選。

　　在這之前，中國多數新聞入口網都是採用真人編輯，人力篩選內容，基本上依循一九九〇年代由雅虎新聞普及化的模式，變化不大。張一鳴相信這套模式在手機時代已不再適用。隨著科技的進步，他認為新聞篩選的過程將完全去除真人，改採運用大數據和機器學習的自動化系統。

　　新 app 名為「今日頭條」，後來常簡稱為「頭條」，這是該團隊提出的近百個名稱中脫穎而出的。

　　「頭條」的意思就是最重要的新聞，加上「今日」更多了即時性，也就是當今最重要的新聞。想出這個優選名稱的開發者黃河解釋：「頭條二字簡單易上口，創造出一種害怕遺漏的心理。」

　　新聞 app 被視為利潤不錯的事業。使用頻率很高，人們即使只有一點點休閒時間，也會打開新聞 app 看看最新的頭條新聞。保留率也優於其他流行類別，好比上架壽命多半不長的手機遊戲。掌握最新狀況是人類的基本需

求，習慣一旦養成，一款新聞app通常不會被刪除。

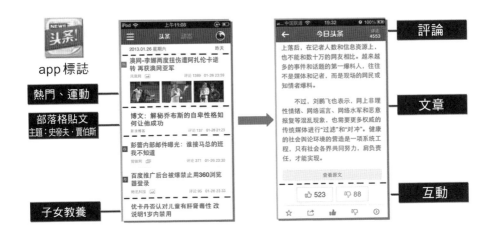

▋ 早期的頭條介面

　　為新聞app添加額外的新功能與新的內容類別相對容易，獲得使用者採用也不難。這與其他工具大不相同，例如鬧鐘的使用度和保留率都很高，但侷限在單一用途，鬧鐘就只是用來當作鬧鐘而已。

　　但如果把頭條想成只是新聞app就錯了。雖然它的定位是新聞為主，在app商店也和其他傳統新聞app歸類在一起，實際上卻提供各種資訊，不論是嚴肅的新聞、輕鬆的娛樂或不退流行的部落格貼文。張一鳴解釋：「我們其實不是新聞app。從一開始我們就希望能納入各種內容……成為最了解你的資訊平台。」

　　這段時期中國的網路內容剽竊猖獗，智財權維護不力，文字內容會被人任意抓取使用，常常到了難以追索源頭的地步。面對這樣的環境，中國的網路媒體充斥「廣編稿」（advertorials），以及由企業購買的文章和報導，這已是公開的祕密。否則記者要如何長期維持生計？頭條做為網路各種內容

的聚合網站，在這樣的生態下更是大大鞏固其地位。頭條基本上是和所有的內容傳遞平台競爭網路眼球（從微博、微信到搜尋巨擘百度、甚至是網路瀏覽器 app 都包括在內）。

頭條也憑藉優越的經驗贏得使用者的肯定。即使是在新聞 app 有限的類別裡，它的產品仍不斷迭代創新，率先推出今日視為理所當然的微優化（micro-optimizations），在在贏過其他業者。不同於競爭對手，每次從動態消息頂端下拉，都會讓網頁更新內容。他們知道人們通勤途中的網路狀況通常不太好，特別預先載入文章，必要時顯示低解析度的圖片。

經營團隊還開發帳戶轉換系統，讓原有 app 系列的使用者可以轉移到頭條。現有的 app 基本上等於是自家的使用者獲取通路，不費成本就可導入使用者，若是使用早期的安卓手機更是特別有效。字節跳動早期在成本的控制上極度儉省。二〇一二年全年只花一百萬人民幣推廣（當時相當於十五萬八千美元），到年底累積超過一千萬的活躍用戶，等於每名活躍用戶的獲取成本不到〇‧一人民幣（〇‧〇一六美元）。[51] 製作低俗的迷因 app 如「搞笑囧圖」，只是要達成目的的手段。他們很聰明地利用這些 app 低價獲取用戶，之後可以轉移給背後的旗艦平台：頭條。

技術對成敗的影響被低估

字節跳動這時還沒開始賺錢，這表示張一鳴為了取得資金壓力很大。公司最早期的資金來自熟識張一鳴的人，像是王瓊以及張一鳴認識的一些天使投資人。

頭條成為公司的核心產品，甚至媒體和員工都拋下字節跳動的名稱，只稱公司為頭條。張一鳴爭取第二輪投資時，拿的事業計畫完全以旗艦新聞 app 為核心。[52] 但要爭取資金很不容易。

王瓊親自介紹張一鳴和她的創投界朋友認識，至少二十人。沒有半個人

對字節跳動的未來樂觀，一個個拒絕張一鳴。其中一人只和張一鳴談了十五分鐘就離開，事後向王瓊抱怨：「和這種小孩子見面不是我的投資風格。」張一鳴看起來實在太娃娃臉了。他講話快速，聲音輕柔，給人的感覺像是溫文儒雅的軟體程式設計師，而不是強悍的事業領導者。很多中國投資人偏好的是「馬雲風格」的那種強勢、自信的企業家，張一鳴恰恰相反。只有幾個人願意考慮，但提供的資金不多，低於張一鳴的預期。他們的數據和使用趨勢都不差，那麼問題出在哪裡？

很多創投業者認為頭條只是又一個手機版的新聞入口網，這類產品很多。主要的個人電腦新聞入口網──網易和搜狐──也有手機 app，都分別有二億使用者，另外還有騰訊和鳳凰 [53] 等重要對手也在爭奪市占，市場的末端另有很多較小的利基業者緊追在知名平台的後面。這是個成熟的「紅海」市場，競爭很激烈，多數戰利品似乎已被大咖瓜分。多數投資人覺得使用者已經得到很周全的服務了。

字節跳動累積一定規模的用戶後肯定會賺錢，這一點沒有人懷疑，中國科技界信奉「流量為王」的道理，事業一旦達到足夠大的規模，總有辦法賺錢。最大的問題是如何在一個已經被瓜分的市場達到那樣的規模。

這時中國每個專業投資人都清楚意識到手機網路的崛起，但從個人電腦轉移到智慧手機的全部影響還不是很明顯。這不只是代表人們改以另一種裝置消費資訊，也代表為了配合新的媒體，資訊將會以不同的方式傳遞和消費。張一鳴要改變資訊傳遞的方式──從仰賴真人編輯變成仰賴以大數據與機器學習為基礎的人工智慧。

王瓊回想當時的挫折感：「大家都認同這種人工智慧的技術很棒，但技術對成敗的影響有多大？現有的入口網沒有使用這項技術，也能相當程度滿足使用者的需求。因此他們（投資者）會質疑，這項技術帶給使用者的價值和效益有這麼大嗎？」中國的創投業者都不了解這套模型的真實潛力，也未

預見機器學習在資訊傳遞上能有多強大的應用。

但我們也要為拒絕張一鳴的投資人說句公道話,張一鳴或許對於潛在商機稍微保守了些。他們用以爭取投資的事業計畫包含如下的重點:

「資訊獲取和消費的市場夠大,使用頻率高,具剛性需求。**市場領導者可達到每日活躍用戶一千萬的程度。**」

創投的做法是賭很多家剛創立不久的公司,希望其中幾家報酬豐厚。每日活躍用戶一千萬就是他們呈現給投資人的商機規模。報酬要豐厚需要龐大的市場,但張一鳴低估了頭條的潛在市場至少十倍。到二〇一七年九月,不過四年半之後,頭條已累積每日用戶一‧二億。因此,與其說中國的創投業者未能了解頭條的潛力,或許應該說張一鳴超越了投資者的期待。他未能提出宏大的公司前景,王瓊在後來的一篇文章中提到這一點:

「我沒有料到這麼長時間裡這麼少投資人對這項產品樂觀,但我也沒有預期頭條(字節跳動)會成為超級獨角獸公司。」[54]

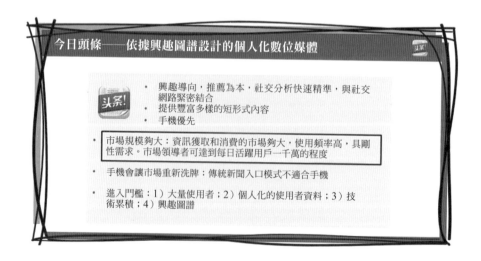

二〇一三年用以爭取第二輪資金的原始事業計畫

　　眾多投資人拒絕字節跳動剛開始的幾輪籌資，錯失了可能是事業生涯中最高的報酬，名單列出來就像中國創投界的名人錄。

　　真格基金連續六年名列中國最好的初期投資公司，[55] 創辦人之一的徐小平事後承認：「我們沒參加天使投資，讓我懊悔終生。」中國紅杉資本被譽為「買了中國一半的網路業」，[56] 傳奇領導者沈南鵬也拒絕字節跳動的第一輪籌資。他事後承認鑄下大錯，認命說：「從事投資業的生活就是這樣……創投是充滿懊悔的遊戲。」

　　聲譽卓著的投資公司金沙江創投也拒絕張一鳴，該公司著名的「獨角獸獵人」朱嘯虎同樣選擇不參與。身價億萬的網路創業家和投資人周鴻禕事後開玩笑說，他是其中最不走運的：「我早期有投資，但過程中以低價賣掉股份。」[57]

　　王瓊和張一鳴進退失據，中國創投界一些最有名最受尊敬的人都拒絕了，他們必須找人領導第二輪投資。解方來自世界另一端。

俄羅斯救援（經由舊金山）

　　「週五晚上九點到 Y Combinator。」

　　Y Combinator 是矽谷最有聲譽的新創事業加速器，二〇一一年他們發出上述神祕訊息給所有參與該計畫的四十三個新創團隊。計畫合夥人發出的神祕宣告讓眾多新創業者紛紛揣測將發生什麼事。他們沒有被告知為什麼要到那裡，只知道有重要的事要發生。有人猜測是某重量級名人要演講，好比賈伯斯。[58] 隨著時間逼近，氣氛愈來愈亢奮。

　　到了週五晚上，整個房間座無虛席，所有的企業家都集結在 Y Combinator 位於山景城（Mountain View）的總部，一排又一排的年輕創業者。接著展開來自歐洲的視訊會議，出現一個禿頭濃眉的中年男子，說話帶著俄羅斯口音。他說出重大宣示：「我們要提供四十三家公司每一家十五

萬美元的資金。」

　　大家都嚇傻了。其中一位創業者記得當時忍不住驚呼:「條件太瘋狂了!不設定公司估值,提供可轉換債券融資,之後的投資也不要求優惠條件,[59]等於免費給現金。」[60]四十三個新創業者當中,三十六人甚至在那場活動結束前就簽好文件了。[61]這是史無前例的地毯式投資,只看加速器的聲譽,甚至和很多新創業者見都沒見過。背後的金主是俄羅斯最富影響力的科技投資人,億萬企業家,物理學者米爾納。

　　黃共宇是當天坐在台下的聽眾之一,一個來自舊金山的華裔年輕企業家。他的新創事業原本是影片聚合器,那時轉為經營廣告分析平台Hotspots.io。他們想都不想,感激地抓住米爾納給的機會。

　　快轉到一年後,離開 Y Combinator 後,黃共宇的新創事業被推特收購,他決定離開緊張的創業生活,休息一下,到中國兩週。黃共宇想要多了解蓬勃發展的科技業現況,興奮地到處尋找潛在的天使投資機會。他透過共同的人脈認識海納的王瓊,王瓊再介紹他認識張一鳴。就這樣黃共宇最後來到錦秋家園第四棟,站在字節跳動改裝成辦公室的一間公寓。

　　張一鳴歡迎遠道而來的訪客,耐心地詳細說明他們正在做的事,包括他們設計的十幾款 app,新聞聚合器,個人化推薦系統。黃共宇很驚訝,他們的技術品質與他在美國看到的不相上下。張一鳴講求技術,有野心,思緒非常清楚,與黃共宇在美國認識的任何企業家相比,絕對同樣值得敬畏。這次會面不過九十分鐘,但黃共宇看到的已足夠讓他知道他要投資,他回美後,王瓊持續透過電郵和他保持聯繫,協助促成投資事宜。

　　後來中國本地所有的創投業者都拒絕了字節跳動後,王瓊回頭找黃共宇,問他在美國是否認識任何有興趣的人。黃共宇腦中立刻浮現一個名字──米爾納。

　　其實米爾納的投資公司數位天空科技（Digital Sky Technologies;

DST）在北京已經有辦公室。那是中國網路業投資量最大、成效最成功的外國投資商，曾投資多家最優異的中國公司，包括阿里巴巴、京東、美團、滴滴出行、小米等。

數位天空科技指派合夥人周受資和張一鳴見面。他見面後很樂觀，注意到該 app 的成長軌跡，認定張一鳴是堅毅能幹的創業家，對公司的方向深信不疑。米爾納同意帶領第二輪投資，取得公司七‧二％股權，據報導當時公司的估值為六千萬美元。[62] 今天這些股份即使經過稀釋，仍價值數十億美元。就算投資四十三家 Y Combinator 的新創事業一毛都沒回本，還是很值得，因為那筆慷慨的投資讓他找到字節跳動。

事後證明，字節跳動的第二輪投資是很多創投業者最後的機會，因為字節跳動很快將成為獨角獸。一年後公司的估值暴增到五億美元，張一鳴將有餘裕精挑細選他想要的投資人，包括聲譽卓著的金融公司和其他知名的網路公司，他們還可以提供策略性資源，例如資料和使用者。

儘管有很多傳言，字節跳動還是避免了被中國網路業傳統三大巨頭所影響的命運，也就是百度、阿里巴巴和騰訊，合稱 BAT。尤其是阿里巴巴和騰訊已建立了強大廣泛的網路服務生態系，掌握龐大的流量和使用者資料。產業界的共識是，一家新創事業一旦在中國的網路生態系達到一定規模，就必須選擇接受 BAT 其中之一的投資，否則便可能被靠攏 BAT 之一的競爭對手打敗。接受的缺點是如此便會成為投資企業的代理人，這些投資者會利用旗下的公司圍堵競爭對手。字節跳動是中國這個規模的網路公司中唯一還在單打獨鬥的。傳言騰訊要投資字節跳動時，一個員工向張一鳴抱怨：「我加入字節跳動不是為了成為騰訊的員工。」張一鳴的回答很簡短：「我也一樣。」[63]

字節跳動確實接受一家知名公司的投資，就是第三輪投資加入的微博。微博打敗張一鳴的前東家飯否，贏得「中國推特」的王冠，這表示他們可以

提供字節跳動海量數據。微博開放他們的應用程式介面（API）[64]——讓不同的 app 可以互動的中間媒介——讓頭條能夠取得微博的用戶資料和活動，例如評論。

如果使用者用新浪微博的帳戶登入頭條，字節跳動可以在短短幾秒鐘內，分析他在微博的興趣和閱讀偏好，據以提供個人化的推薦。微博後來才意識到字節跳動是競爭對手，最後關閉對手的資料使用權，賣掉字節跳動的股權。

你可能會問，中國網路界最大咖之一的新浪微博怎會沒有意識到字節跳動是競爭對手？理由和創投界最優秀的人都沒有把他們當回事一樣。

頭條被定義為新聞聚合網站，因此被狹隘地認為只是在手機新聞 app 這個領域競爭，在多數科技巨擘和網路業者眼中，這個類別不太有趣又過度飽和。

紅杉資本的沈南鵬解釋：「合夥人一起討論時，都覺得競爭太激烈了。這家小公司沒有機會贏。」[65] 大家一致認為，贏的關鍵不是技術，而是其他商業因素，例如掌握知名品牌和忠誠的使用者，或獲得 BAT 生態系之一的支持而享有不公平的優勢。不只是中國投資人悲觀，大家普遍對於那項技術的極限抱持懷疑。

「新聞聚合是很不亮麗的事業，即使是成功的公司也必須面對一個事實：任何演算法在判斷何種新聞或內容能吸引人腦時，永遠不會像人腦那麼好。」[66] 美國很多人閱讀的科技部落格 TechCrunch 寫了一篇明顯負面的文章，評估在美國的定位與頭條相似的新創事業「稜鏡」（Prismatic）的成功機會，開頭寫了這一段。這樣的觀點在今日看來似乎嚴重過時。

新辦公室

取得米爾納的支持是個轉捩點，公司因而能從改裝的公寓搬到正式的辦

公室盈都大廈。[67] 大約距舊辦公室一公里，同樣是在知春路上。除了頭條，還有許多後來在中國家喻戶曉的網路大公司都集中在這一區，包括食品外送巨擘美團，經營者是張一鳴的朋友王興，還有手機廠小米。新大樓一樓是沃爾瑪超市，字節跳動在樓上。上班服一樣休閒，繼續由公司聘請的廚師為員工準備免費的餐點。

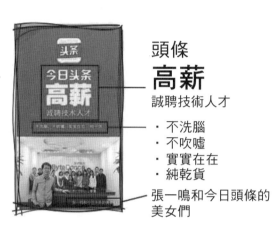

頭條
高薪
誠聘技術人才

‧ 不洗腦
‧ 不吹噓
‧ 實實在在
‧ 純乾貨

張一鳴和今日頭條的美女們

▎**二〇一三年字節跳動的徵才圖片，攝於當時在盈都大廈的新辦公室，前排桌子前就是張一鳴**[68*]

大概這時候，張一鳴在北京一處建築工地看到一句口號，讓他覺得恰恰是這個時期的寫照。

小地方，大夢想。

「我覺得拿來形容我們非常貼切。」

第**3**章

從YouTube紅到TikTok 的推薦技術

二〇一一年

房產頻道訂閱
占螢幕五三％

房產推薦
占螢幕二四％

二〇一九年

房產頻道訂閱
占螢幕七％

房產推薦
占螢幕七九％

本章時間表

- 二〇〇九年——網飛頒發一百萬美元獎金，獎勵讓影片推薦的準確率提高一〇%的演算法
- 二〇一一年—— YouTube引入機器學習演算法的推薦引擎Sibyl，立刻發揮效果
- 二〇一二年八月——字節跳動推出新聞聚合app頭條
- 二〇一二年九月—— AlexNet在ImageNet挑戰賽的突破性成就，激發全球對AI的興趣大爆發
- 二〇一三年三月——臉書將動態消息改為「個人化報紙」
- 二〇一四年四月—— IG開始使用個人化內容的「探索」按鈕
- 二〇一五年——谷歌大腦（Google Brain）的深度學習演算法開始強化谷歌的各種產品，包括YouTube推薦

二〇一〇年YouTube有了大麻煩

　　YouTube推薦技術主管約翰・麥克法登（John McFadden）承認，YouTube雖是網路第三多人造訪的網站，「做為首頁卻沒有促成大量的使用者參與。」[69] 很多人仍然認為YouTube是將影片內容嵌入其他網站的免費、簡單的方法。這個平台沒有被視為內容目的網站，而是集結一連串一次性的影片。

　　YouTube試驗透過各種策略改善網站的保留率（retention），讓人們觀看更多影片，觀看時間更久。為了達成這個目標，他們推出稱為「Leanback」（放鬆看）的新功能，將一系列影片排起來自動依序播放。甚至提供專業攝影器材給最優質的內容製作夥伴，還舉辦網路直播活動。但

到目前為止重要的改變是投資「YouTube 頻道」。頻道讓使用者可以輕鬆訂閱與觀看單一來源的內容，很像傳統的電視頻道。

　　沒多久 YouTube 便依據這個新概念重新設計首頁，附上大大的藍色「新增頻道」按鈕，做為主要的行動呼籲（call to action）（參見 64 頁）。YouTube 大手筆花了一億美元和優質內容創作者簽訂合約，包括名人如瑪丹娜和俠客歐尼爾、好萊塢製片公司、專業的世界摔角娛樂組織（WWE）。他們選擇的夥伴反映出 YouTube 當時的終極目標，就是把 YouTube 變成像電視一樣的娛樂終點站。

　　但一年後，依據美國媒體測量和分析公司 ComScore 的資料，[70] 各項指標顯示，使用者平均花在 YouTube 上的時間沒什麼變化。那些改變基本上都沒有造成多少影響。事實證明，花更多錢買更好的內容不是對的策略，因為問題並不是 YouTube 沒有很棒的內容。就像 YouTube 的工程總監克里斯托斯・古德羅（Cristos Goodrow）解釋的：「我們相信，對地球上每個人而言，YouTube 都有一百小時的內容是他想要觀賞的。內容已經在那裡了，我們有幾十億種影片。」[71]

　　問題是如何讓這大量的內容和對的使用者匹配。鼓勵使用者訂閱頻道可確保人們看到喜歡的內容，但結果並不如他們預期的那麼有效。技術主管麥克法登說：「我們明白，當人們知道自己要看什麼時，會來 YouTube 找。但當人們**不知道**自己想要看什麼時，我們也想要滿足他們的需求。」

　　YouTube 很早就添加了「建議影片」的選項，那是依據使用者的行為歷史所做的個人化推薦。但要產生有用的個人化清單並不容易。二〇一〇年一篇科技論文〈YouTube 影片推薦系統〉[72] 裡有下面這段文字，清楚說明這是多麼艱巨的技術挑戰。

　　「使用者上傳的影片通常沒有元數據（metadata），即使有，品質也很糟。[73] 此外，使用者上傳的影片多半很短（不到十分鐘）。因此使用者的

互動相對短促，有很多雜訊……〔不像〕在網飛或亞馬遜，人們在那裡租電影或買東西就是非常清楚在表明意向。不僅如此，YouTube 上很多有趣的影片從上傳到瘋傳，生命週期大約只有短短幾天，需要不斷更新推薦。」

　　上傳者挑選的影片名稱常無法準確描述內容，或是選擇的縮圖未能暗示影片的內容。有一個很棒的影片讓 YouTube 的工程師大搖其頭，該片無法紅起來，主要就是因為取了難以搜尋的片名「快來看！」。經過多方實驗，YouTube 的推薦團隊最後發現，他們仰賴的是類似一種已有十二年歷史的逐項協同過濾演算法（item-to-item collaborative filtering algorithm），一九九八年最早由亞馬遜所開發。[74]

改革的起點

　　二〇一一年有了突破性的進展，谷歌開始採用新的機器學習系統來推薦 YouTube 的影片，稱為 Sibyl。[75] Sibyl 立即發揮了影響；YouTube 的工程師發現，運用更好的技術進行推薦後，網站的觀看數彷彿加了火箭助推器般一飛沖天。機器學習的效果絕佳，不久，選擇依據「推薦影片」觀看的人便超越了其他所有選片方式，例如網站搜尋或電郵推薦。

　　谷歌繼續反覆迭代改進和優化推薦系統，之後從 Sibyl 換成谷歌大腦，運用深度學習的開創性新進展〔谷歌大腦由現在已很有名的瘋狂創意實驗室集團 Google X 開發，領導者是史丹福教授吳恩達（Andrew Ng）〕。Sibyl 的影響已經讓人印象深刻，谷歌大腦的成果只能以驚人來形容。二〇一四年到二〇一七年，在 YouTube 首頁觀看影片的總時數成長了二十倍，停留在 YouTube 的所有時間超過七〇％是由推薦驅動的。[76] 社交媒體界愈來愈體認到，YouTube 建議的影片很能猜測你的興趣，準確到詭異的程度。

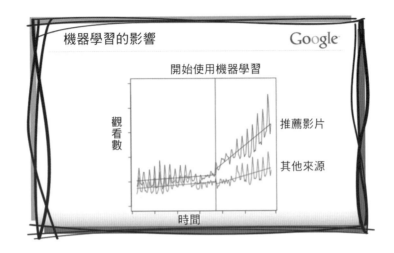

■ 二〇一一年YouTube使用機器學習演算法推薦引擎Sibyl後,效果立
竿見影[77]

　　AI領域快速進步(名為「深度學習」的突破性發展是其中一項),代
表透過推薦來傳遞內容的做法將快速成熟,影響很深遠。對於字節跳動這樣
的公司而言,這些新進展發生的時機再適合不過。演算法推薦的效能與準確
度將因此突飛猛進,而他們正處於這個新時代的初期階段。YouTube是最
早受益的,但從亞馬遜的產品推薦到TikTok的影片,各式各樣的網路經驗
到頭來都會因此更加強化。

　　像字節跳動這樣的新科技巨擘要能興起,需要具足很多條件。必須有受
歡迎的產品滿足龐大的市場,創辦人要展現足夠的遠見、勇氣和聰明才智,
還要能建立優異的團隊。運氣也同樣重要,你必須在對的時間身處對的地
方,才能跟上巨大的改變浪潮乘風破浪。中國傳奇的科技企業家、小米的執
行長雷軍省思漫長的事業生涯中學到的教訓:「抓住時機的重要性**遠遠超過
任何策略**。」[78]

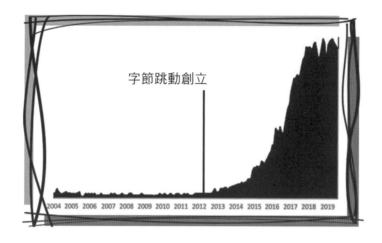

字節跳動創立

2004 2005 2006 2007 2008 2009 2010 2011 2012 2013 2014 2015 2016 2017 2018 2019

▌谷歌趨勢（Google Trends）以圖表呈現從二〇〇四年到二〇一九年
「深度學習」引發的興趣變化

　　中國很多產業老將都體認到，個人化推薦對於改善手機經驗有很大的
潛力。但張一鳴領先群倫，他不只嗅到商機，更能果斷行動。字節跳動能成
功，最關鍵的因素是張一鳴很早就眼光獨到，知道必須「破釜沉舟」發展推
薦技術，且這個決定的時機抓得剛剛好。字節跳動不只從一開始就抓住一項
商機，而是抓住了兩項劃時代的趨勢——智慧手機和 AI 的興起。

一切始於一張火車票

　　張一鳴回想，二〇〇〇年代末，他對於推薦的強大威力有了最早的領
悟。當時中國新年即將來臨，張一鳴就像在大都市工作的千萬移工，也上網
搜尋返鄉火車票。這時期的火車票總是很少，買票過程通常既吃力又充滿
挫折感。不是得不斷更新網路旅遊網站，檢查有沒有票，就是得花大錢買
黃牛票。

　　張一鳴決定兩者都不幹，而是從無到有設計一個電腦程式，可以自動檢索售票網站，有票就通知他。他只花一頓飯的時間寫程式，不到三十分鐘就買到票了。

　　張一鳴後來省思搜尋和推薦的差異時說：「這讓我茅塞頓開。搜尋引擎需要人去找資訊。我們的做法不同，雖然仍然是使用搜尋功能，但可以指定促發的條件。符合條件時，資訊就會傳送給人，**這就是從人找資訊變成資訊找人。**」

拉式系統（pull model）：「人找資訊」主動

推式系統（push model）：「資訊找人」被動

▎「人找資訊」的拉式系統和「資訊找人」的推式系統恰成對比

　　「那是我第一次深思推薦引擎及其應用。」這個想法要成為完整的概念，還有很長的距離，但種子已經埋在張一鳴心中。你不一定要主動從網路找資訊，也可以依據個別需求提供或推薦。

　　到二〇一三年末，字節跳動已成立超過一年，張一鳴受邀在某小型產業會議演講，[79]完整闡述他的想法──這時已經又往前邁進了很多。

　　「網路可細分成幾個時期，最早期是入口網站，之後是搜尋，接著是微博，最後是推薦引擎。這些是以不同的方式接收與傳送資訊，可以看到每一

代的技術改變都扮演重要角色。」

　　張一鳴以一套架構[80]闡述網路時代資訊傳遞的方法演進。最早的方法是「入口網站」。

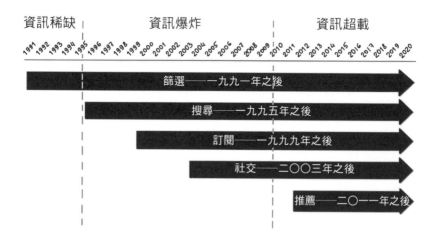

█ 利用網路傳遞資訊的方法[81]

真人篩選——入口網站，雅虎，美國線上

　　入口網站類似網路時代之前的報紙，因為同樣採取傳統大型中央化的內容收集，由編輯人員更新和整理。入口網站的一個主要特點，是由編輯決定要展示和凸顯哪些內容。這種中央化的真人篩選扎根於網路最早期，當時還可能做到將所有最重要的網站，放入人力篩選的單一目錄裡。

　　在中國，一九九〇年代中到末有三大入口網站崛起，網易、新浪和搜狐，全都仿效最早的雅虎入口網站模式。三家公司都在二〇〇〇年上半年在那斯達克上市，成為阿里巴巴和騰訊崛起前第一代的網路巨擘。入口網站模式仍然非常具有應變能力，頭條之前的多數網站都偏好由真人編輯進行內容的篩

選與排序。

有人認為，由編輯人員篩選並不是真正以網路模式進行內容傳遞，只是延續網路時代之前的傳輸形式，如報紙或電視，因為共同的特點是單向傳播，很少互動或個人化。

搜尋引擎──強烈的意向

到了一九九〇年代中，已經可以很清楚看到，全球資訊網已擴展到無法以人力分類排序。網路時代資訊爆炸，突然間任何人都可以建立自己的部落格網站，開始在網路發表。搜尋引擎可以極有效地運用技術解決一個迫切的需要──在龐大到難以想像的去中心化網路中找到精確的資訊。

最早的人氣搜尋引擎包括 AltaVista 和雅虎等，谷歌崛起較晚但技術更好，因而成為一方霸主。透過搜尋讓內容與使用者配對極有效率且準確，但有一大缺點──你必須知道你要搜尋的詞。使用者必須耗費心力了解他的需求，在搜尋欄打出對的詞，從列出來的資訊找出最適合的選項。但因為新聞和娛樂這兩種訊息的價值很大部分來自「發現」，因此並不是很適合採用搜尋的方式。

事實證明搜尋事業的利潤很豐厚。依據搜尋結果打廣告讓谷歌和百度在各自的市場成為最有價值的網路巨人（百度是中國網路搜尋市場的霸主）。

訂閱──電郵與RSS

多數人認為電郵主要用於工作上的溝通。但即使在一九九〇年代，第一代的數位行銷人已發現，電郵也是傳遞促銷內容以及與既有的顧客群維持直接關係的強大管道。二十多年裡，「請訂閱我們的電子報」是各網站最主要的行動呼籲，人們的收信匣也因此塞滿這類訊息。

大約在世紀之交，豐富站點摘要（Rich Site Summary；RSS）的標

準形成，讓人們可以直接使用 RSS 閱讀器軟體，訂閱接收網站的更新訊息，例如很多人使用的谷歌閱讀器（Google Reader）。你不必檢查三十個網站尋找新的內容，全都可以集中在一個地方處理。RSS 曾風靡一時，但後來逐漸退流行，甚至到了多數人都必須解釋才了解的地步，很像同一時期另一個被遺忘的詞彙「Web 2.0」。播客（podcast）也使用 RSS 標準，很多播客 app 仍喜歡使用訂閱模式。

　　訂閱做為內容傳遞[82]的形式，並沒有像搜尋一樣促成網路巨擘的興起。一部分是因為採取公開標準格式（主要是 RSS 和電郵），不是由任何一家私人企業控制。另一個理由是訂閱制很快被另一種形式的內容傳遞取代，新形式仍是以這個基本概念為本，但更進一步延伸思考：如果可以訂閱「人」，結果會怎樣？

社交——去中心化

　　社媒不需要多介紹，已證明大受歡迎，不僅能有效連結與促成不同群體的溝通，也是傳遞資訊的強大工具。使用社媒時，基本上你訂閱的是分享內容的個人。內容可以是自製的，好比「這是我和老爸今天拍的照片」，但同樣可能是轉傳其他來源的內容，如「看看這篇旅遊文」。

　　這種傳遞形式高度去中心化，顯示給使用者的內容是整個網路裡每個人個別行動的結果。你找不到兩個人的社媒完全一樣，結果就是每個人看到的動態消息都是個人化的。

　　社交內容的傳遞模式有很多種，從臉書和推特的捲動瀏覽動態消息，到龐大的 WhatsApp 社群都是，後者是很多新興市場流行的社交內容傳遞形式。另一種模式可以 Reddit 或 Digg 等平台為代表，傳遞內容的方式是依據多少人投票支持（upvoting）來決定排序。他們全都有一個共通點，就是內容的傳遞由使用者自己決定，只是必須遵守平台的規則。

推薦——頭條與 TikTok

　　推薦是最新的成熟模式。如果完全被接受，使用起來非常方便，因為推薦不需要主動訂閱頻道，或採取特定行動，例如加好友或按「讚」。好的推薦需要達到高度的技術條件。搜尋引擎的使用者會在搜尋欄打字，明明白白表達意向。推薦沒有明確的意向宣示，必須完全依據使用者以前的行為來判斷偏好。

　　網路內容推薦的開創者是二〇〇一年創立的 StumbleUpon。[83] 二〇〇九年網飛舉辦一項著名的活動，頒發一百萬獎金，獎勵能夠讓推薦系統的準確度提高一〇％的演算法。網路推薦對於電子商務很重要，最早的證據表現在你可能看過的一種提示：「購買這項商品的顧客也買了……」。[84]

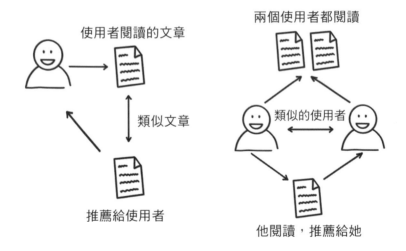

使用者閱讀的文章

類似文章

推薦給使用者

兩個使用者都閱讀

類似的使用者

他閱讀，推薦給她

▌左：根據內容過濾，右：協同過濾

　　一般而言，推薦系統仰賴兩種主要的流程：「依據內容過濾」（content-based filtering）和「協同過濾」（collaborative filtering）。兩種概念都相當容易了解。前者推薦的內容與使用者原本就喜歡消費的東西相似；如果使用者喜歡看有狗狗的影片，被標記為「愛狗人士」，系統就會推薦更多狗狗影片。

　　協同過濾系統的推薦基礎則是找出喜歡相似內容的使用者。好比珍和崔西的興趣高度相關，如果珍從頭到尾看完某支影片好幾次，這就是很可靠的興趣指標，那麼系統也會推薦該影片給崔西。

網路的資訊傳遞

　　這些方法並非互相排斥，可以全部同時運用。也很少有平台只仰賴單一的內容傳遞方法——有哪個網站或 app 沒有使用某種形式的搜尋？但多數平台會以某種方法為主。

　　平台也會演化，隨著時間推進逐漸改變仰賴的方式組合。YouTube 是絕佳的例子，一度非常仰賴頻道訂閱，後來轉而堅定擁抱推薦。本章 64 頁的截圖就是呈現這項改變。在 YouTube 訂閱頻道仍然是方便又受歡迎的方式，但藉由推薦發現內容已成為更重要的方式。

	被動——低掌控	主動——高掌控
人力驅動	**社交：** 使用者以去中心化的方式分享內容。	**訂閱：** 使用者人工篩選來源。
機器驅動	**推薦：** 依據行為推斷偏好。	**搜尋：** 使用者透過搜尋字詞顯示意向。

　　資訊需求量很大的人，如學者或記者，可能偏好訂閱和搜尋。這兩種方法的準確率和掌控度最高，但需要使用者更積極更主動參與──必須鍵入搜尋字詞，篩選訂閱清單。資訊需求量低的人比較可能偏好社交和推薦，這兩種方法較方便，也較適合新聞和輕娛樂。

　　主動的方法（訂閱和搜尋）較適合大螢幕裝置，通常用於嚴肅的工作或研究，每次使用時間通常較長，鍵盤可以準確快速地輸入。一般而言，被動的內容傳遞法較適合零碎的時間和智慧手機的小螢幕。

　　成立字節跳動之前，張一鳴已經就多種內容傳遞方法累積深度的實務經驗。包括旅遊搜尋引擎酷訊（二〇〇六年到二〇〇八年），類似推特的社交平台飯否（二〇〇八年到二〇〇九年），綜合運用搜尋和基本推薦的房產入口網站九九房。張一鳴在一次受訪時自認他的專業知識兼具深度和廣度 。

　　「促進高效率的資訊流動是我的創業主軸。我認為資訊的傳輸對人類社會的益處、合作、認知有很大影響……我很重視資訊，不論是搜尋引擎的關鍵字，或將人當作節點的社群網站，或使用興趣做為資料粒度的興趣引擎，全都是以資訊為基礎。」[85]

RSS為什麼走到盡頭──張一鳴的文章

　　二〇一三年，谷歌宣布受歡迎的 RSS 谷歌閱讀器，經過近十年的營運即將關閉。消息一出，引發忠實用戶在網路抗議和強烈反彈，因為他們覺得這項服務很寶貴。[86] 憤怒的粉絲發起網路請願活動，希望谷歌閱讀器繼續運作，短短幾小時便獲得超過五萬人簽署。

　　張一鳴本身是谷歌閱讀器的早期採用者，但對其未來感到悲觀。他身為執行長行程緊湊，百忙中還坐下來寫了一篇影響深遠的文章，稱許谷歌的決定。他指出，這項行動雖引發強烈抗議，但閱讀器從來不是主流產品。它的忠實使用者多半在媒體和網路產業工作，資訊的收集與消費對他們的日常工

作至關重要。他認為，這些人不僅必須具備高度的自律，還得有極佳的資訊管理能力。

「訂閱模式對使用者要求太高。使用者需要自己去想好『我喜歡什麼，我訂什麼』。部分內容讓人有些感興趣但又不是太喜歡，到底是訂是不訂，這也夠讓使用者糾結的。」[87] 他相信比較好的解決方案是頭條的做法，運用演算法依據過去的行為來推薦內容。張一鳴注意到，隨著螢幕變小，時間碎片化，人們變成每次消費一點點內容，而且有很多地方可以取得資訊，行為自然隨之改變。谷歌決定終止閱讀器服務時，也是提出同樣的理由。

谷歌的新聞與社交產品資深總監理查·金格拉斯（Richard Gingras）說：「我們的文化已邁向新的境界，幾乎無時無刻不在消費新聞。[88] 以前標準的新聞消費行為，是在早餐時段與一天結束前悠閒地閱讀，現在已經大不相同，智慧手機和平板的使用者一整天都在消費新聞，每次消費一點點。」谷歌的目標是：「將新聞服務普及到谷歌的各項產品，在對的時間透過最適當的管道提供適合的資訊，以符合每個使用者的興趣。」

頭條的做法和谷歌的新願景很相似，也是運用機器學習來預測使用者的口味，基本上就是在人們需要時提供他想要的。頭條滿足的不是嚴肅的新聞消費，而是比較休閒的興趣閱讀經驗。透過無止境的串流提供資訊，淡化內容來源的重要性，新的重點放在人的興趣上。

全球市場的樣貌

若運用這套網路資訊傳遞的架構，檢視字節跳動創立之後不久的全球市場，會發現像臉書這類公司已經大力採用推薦技術。

「我們要提供全世界每個人最好的個人化報紙。」[89] 這是祖克柏二〇一三年的話，宣布臉書的動態消息將有重大改變。這家美國巨擘認為，採用機器學習是維持競爭力的關鍵。

　　臉書的動態消息已經採用先進科技，推薦來自朋友家人、新聞媒體、廣告、品牌置入內容（branded content）的最佳訊息組合。二〇一四年，IG修改受歡迎的「探索」按鈕，改為提供專為每個使用者量身訂製的內容。大約從二〇一一年開始，YouTube大力優化推薦影片，以此做為增進互動的最有效策略。

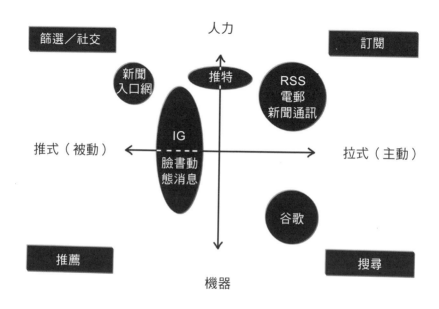

▌二〇一三年前後美國各大平台使用的主要傳遞方法

拓展中國市場的時機已成熟

　　我們若運用同樣的架構，分析字節跳動創立後不久中國市場的競爭態勢，會發現頭條的定位與其他主要平台大不同。

　　不論是個人電腦或手機的搜尋，市場龍頭無疑是百度，他們具有技術與品牌認知度（brand recognition）的強大護城河。就像美國人會說「我谷歌一下」，中國人也拿百度當動詞用。百度完全掌控利潤豐厚的搜尋市場，地位難以撼動。

　　中國手機網路的最大咖則是「超級 app」微信，當時採用兩種媒體內容的傳遞方法，一是採取訂閱制的官方帳戶，一是名為「朋友圈」的動態消息。

　　從很多方面來看，動態消息都具體展現創辦人張小龍的哲學。當時他對演算法推薦的立場說好聽一點是懷疑，說難聽則是嗤之以鼻。[90] 在他看來，微信的「朋友圈」是要讓人與人進行真誠的溝通。動態消息不過是逆時序放上聯絡人的貼文，甚至拿掉照片過濾的選項。

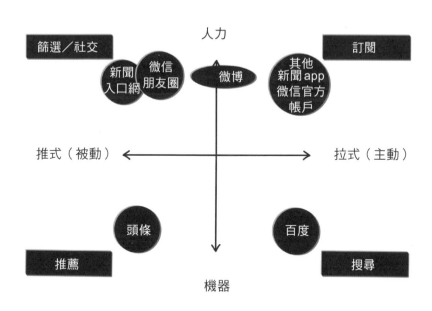

▌二〇一三年前後中國各平台主要的傳遞方法

　　反之，中國手機網路的另一個巨擘新浪微博則是以媒體為主的組織。他們能主宰微博市場，所謂「中國的推特」，穩居利潤豐厚的位置，不是因為擁有最好的技術或提供最好的使用者經驗，而是因為爭取到關鍵多數的重量級名人和媒體擁抱這個平台。

　　微博依據使用者訂閱的帳戶加以標記，據此了解他們的一般興趣，選擇要推薦的內容。但他們並不認為改善這套粗糙的推薦技術對事業的推展是最重要的。公司著重的是加強管理該平台的網紅，擷取其價值，讓他們的觸角擴及中國次級城市的廣大使用者（這個高度成長的市場才剛開始發展）。投資改善推薦方法的重要性擺在很後面。

　　很多主要的新聞聚合平台仍仰賴編輯人員決定哪些內容要放在較重要的位置。當時，多數智慧手機的新聞 app 都是複製個人電腦的新聞網站，所謂個人化最多就只是依據興趣（如財務、生活、運動）訂閱內容頻道。

　　這個競爭激烈的總體環境存在很大的缺口，有很多空間可以讓頭條揮灑。就像拒絕字節跳動第二輪籌資的所有創投業者，這些大平台都沒有認真看待內容推薦。不可思議的是，手機界最大咖微信對這項技術根本抱持懷疑態度。

　　業界普遍認為，即使推薦引擎確實證明更優越，這些技術是可以複製的。在已經很擁擠、競爭很激烈的市場，要靠這個方式長期贏得廣大市占難以持久。

　　字節跳動將證明他們錯了。

第4章
在中國，是新聞讀你

「我們建造了運用機器學習的最大內容平台，這就是我們的武器。」

——字節跳動 AI 實驗室的李磊

▍字節跳動北京總公司的大型中央「魚缸」玻璃會議室，前身是航空博物館中航廣場

本章時間表

- 二〇一二年九月——頭條的個人化推薦系統啟用
- 二〇一三年八月——張利東加入字節跳動，帶領業務商業化
- 二〇一四年——楊震原加入字節跳動，擔任技術副總
- 二〇一五年一月——沖繩年會
- 二〇一六年二月——公司搬到中航廣場的新辦公室

　　二〇一二年中，字節跳動的技術團隊都收到一封電郵，主題是讓人惴惴不安的「推薦引擎大會」。張一鳴決心推動他認為攸關公司未來的主題。電郵寫道：「要成為好的資訊平台，必須做好個人化推薦引擎。你願意現在就開始嗎？」

　　頭條早期的推薦系統，所謂的「個人化技術」在當時很粗略。使用者打開 app，會看到一大堆最多人閱讀的文章，希望讓他們立刻被吸引住。之後加入比較針對性的點擊誘餌式文章（click-bait articles），只訴諸特定的族群，以便測試與判定讀者是誰。使用者選讀的文章若是有大大的女車模預覽圖片，可能就是男性。另一個使用者固定閱讀勸世類的「心靈雞湯」文章，大概是老人。這類猜測會輔以基本資訊，諸如使用者的手機品牌型號、地理位置、打開 app 的時間等等。

　　這樣的開始還不錯，但距離張一鳴知道公司應該做到的程度還很遠。他希望成為業界頂尖，讓這項技術發揮最大的潛力，掌握優於對手的長期優勢。但要超越目前的表現，必須克服高難度的技術障礙。他的小團隊擁有搜尋引擎和手機 app 開發的經驗，但沒有人具備深度的專業知識或能力，可以開發最先進的個人化推薦引擎。很多團隊成員表示，非常擔憂團隊沒有足夠的技術能力可以達成張一鳴的目標。高價聘請外面的專家不切實際，因為他

們是幾十人的新創公司，在改裝的公寓上班，而且中國幾乎沒有人真的具備他們需要的專業知識與技術。

張一鳴的態度堅定不移。他認為，他們可以選擇只稍具創新力，乘著這波手機網路的風潮獲得些許成就，但也可以全力以赴，努力達到真正能創造價值的根本性突破。「我們現在無法做推薦，但可以學。這次會議之後，我會率先採取行動。」這是張一鳴以身作則的承諾。

過程中，張一鳴得知有一本書將出版，叫作《推薦系統實務》。[91] 對他們太適合了，作者是中國當時在機器學習方面最有名的專家之一，項亮。[92] 項亮當時在視訊串流網站 Hulu 擔任研究員，張一鳴親自找項亮，請求給他一本，但被拒絕了，理由是書還未出版。受挫的張一鳴決定盡可能研讀網路的資料自學。諷刺的是，幾年後項亮終究加入字節跳動，成為 AI 實驗室最重要的機器學習專家之一。張一鳴後來說，項亮拒絕送書這件事，導致公司推展推薦技術的進度嚴重落後，他說：「真正下決心做推薦引擎的公司很少，失敗的很多。」[93]

純靠意志和自學證明是有些用處，但字節跳動的重大突破終究還是直接因為找到外部人才。唯有靠著從其他組織吸收經驗豐富的專家，張一鳴才可望實現願景，建立最頂尖的推薦引擎。有一家公司特別能提供很多高階人才——搜尋引擎百度。

同樣設在北京的百度是中國最大的網路公司之一，以聚集眾多高階科技人才著稱。谷歌退出中國搜尋市場後，百度去掉了競爭壓力，得以享受主宰市場且相對安全的地位。在字節跳動發展初期，張一鳴視百度為最大競爭對手。百度的演算法人才讓他很憂慮，認為在中國的公司裡，百度最有能力進入張一鳴想要主宰的領域。

但百度很晚才意識到個人化推薦的重要，這對張一鳴是幸運的。百度的搜尋業務太無敵，獲利太好，但在手機的新領域竟然沒跟上，忽略了字節跳

動帶來的威脅。百度雖被媒體譽為「中國的谷歌」，拿兩者相提並論並不公平。百度沒有一項優勢：控制智慧手機主要的操作系統安卓。更糟的是，外界認為百度有內鬥和管理階層膨脹的問題，不斷有人謠傳執行長創辦人李彥宏的妻子實際掌控公司的重要決策。

第一項科技突破發生在二〇一四年，字節跳動挖角在百度服務已九年的搜尋技術副總監楊震原，立刻賦予科技副總裁的頭銜，讓他著手主導重大的技術升級。

▌二〇一四年初，公司大約有員工一百人

楊震原的加入打開了水閘門，百度很多工程師跟著他跳槽，因為字節跳動竭盡全力開出豐厚的薪酬和認股權，暗中挖角百度豐富的技術人才庫。字節跳動繼續挖走了百度更多大咖，包括陳雨強和朱文佳，二〇一五年到一六年開始邁開步伐，在推薦領域創造長期的競爭優勢。[94] 朱文佳後來帶領的團隊負責開發抖音和 TikTok 使用的原始推薦系統。

到二〇一六年，公司的專業技術大有進展，可以實驗透過不同的方式讓電腦產生內容。在那一年的奧運，字節跳動開發的機器人程式（bot）撰寫

原創新聞，發表重大活動的報導，速度比傳統媒體還快，創造的使用者互動堪與真人撰寫的文章相比。

推薦系統成了字節跳動的核心技術，從 TikTok 的短影音到頭條的文章到內涵段子 app 上的趣味動圖，都以此技術為基礎。

推薦入門

二〇一八年一月，字節跳動在北京舉行開放會議，揭露其演算法的運作方式。[95] 目的是緩和國家媒體和網路監督組織關於散播色情的具體批評，以及大眾對其內容似乎欠缺真人監督的疑慮。會中公司的資深演算法工程師曹歡歡詳述字節跳動推薦系統的原則。下文很大部分就是依據他的報告內容。[96]

字節跳動的系統主要參考三種資料：內容概況、使用者概況和環境概況。曹歡歡舉一個例子說明內容概況，關於利物浦與曼聯的英格蘭超級足球聯賽的新聞報導。系統會運用自然語言處理（natural language processing）從文章擷取關鍵字，在這個例子包括「利物浦足球俱樂部」「曼聯足球俱樂部」「英格蘭足球超級聯賽」，還有球賽中一些重要球員的名字如「大衛・德赫亞」（David de Gea）。

接著賦予關鍵字相關值。依上述例子而言，「曼聯足球俱樂部」是 0.9835，「大衛・德赫亞」是 0.9973，兩者一如預期都很高。內容概況還包括文章發表的時間，可幫助系統計算內容是否過時而停止推薦。

使用者概況依據不同來源建立，包括瀏覽紀錄、搜尋紀錄、使用的裝置類型、裝置的位置、使用者的年齡、性別、行為特質等。他們會依據使用者的社交資料和行為探勘，建立不同的概況，可以細分成幾萬種。

當你閱讀平台推薦的貼文時，它會追蹤你的行為來了解你的偏好：好比你選擇讀什麼文章，哪些會略過不看，花在每一種內容的時間，會對哪類文

章評論，分享什麼故事。

　　最後一項環境概況則是依據使用者消費內容的地點建立的，例如是在工作時、家裡或地鐵通勤時，因為人在不同的情況會有不同的偏好。其他環境特質包括天氣，甚至是使用者網路連線的穩定度，以及使用何種網路（如Wi-Fi 或中國移動 4G）。

　　系統會計算內容概況、使用者概況、環境概況之間在統計上最匹配的結果，讓最多比例的文章被閱讀，優化讀完的比率（如花費的時間）。

　　內容傳遞的方式係依據每一篇新發表文章的品質和潛在的讀者賦予「推薦值」，這個值愈高，文章便會傳遞給愈多適合的讀者。隨著使用者與文章產生互動，推薦值會跟著改變。正面互動如按讚、評論、分享都會提高推薦值，負面行為如不喜歡、閱讀時間短則會降低推薦值。隨著內容愈來愈過時，推薦值也會降低。新聞週期快速的類別如運動或股價，推薦值一兩天就會顯著降低。若是長青型的類別如生活格調或烹飪，這個過程會比較緩慢。

　　推薦給新使用者的前一百篇文章非常重要，因為過了這個里程碑之後，保留率便顯著下降。[97] 他們的做法是找出「北極星」計畫的這個關鍵成長指標並加以量化，很類似臉書成長團隊早期的一個著名做法——致力讓新的使用者在十天內增加七個朋友。根據前高階主管查馬斯・帕利哈皮提亞（Chamath Palihapitiya）的說法，臉書早期的團隊一天到晚「只談這個成長指標」。[98] 字節跳動的這個目標促成保留率維持四五％以上的高檔，[99] 一般多半只有主流社交媒體才能做到，在全世界這也是每個使用者花在 app 的平均時間最長的成績之一。

　　頭條推薦文章的這套核心系統，在加以調整後運用到 TikTok 和抖音的短影音。這些 app 都是使用字節跳動同一套後端推薦引擎系統。用在影片的難度較高，因為上傳時通常沒有標記關鍵字或準確的片名和敘述，使得電腦視覺（computer vision）要判定影片到底是什麼內容時面臨很大挑戰。

　　仰賴推薦來改善使用者互動的好處，是可以創造與時俱進的良性循環，通常稱為「資料網路效應」（data network effect）。人們花愈多時間使用app，使用者概況愈豐富，內容愈精準符合需要，也就更能優化使用者經驗。這自然又會促成使用者花更多時間在 app 上，進一步豐富使用者概況，如此循環下去。

▍影響文章推薦值的一些因素

　　這個良性循環很強大，但不會無止境地延續下去。使用者經驗的改善速度剛開始很快，但一段時間後會趨近極限（asymptote），因為使用者概況會愈來愈豐富，到最後形成非常精準又詳細的興趣圖譜（interest graph）。

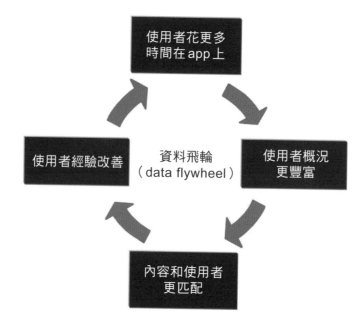

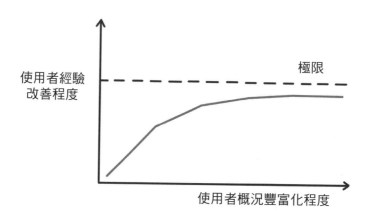

▌字節跳動內容平台最重要的資料飛輪

這套系統的另一個侷限是必要的人力投入。頭條號稱是純技術導向的公司，免除真人編輯。但這個說法有些誤導，這套系統仍重度仰賴人力，由一

群員工進行重複的基本工作，如透過標記文章和人力審查來輔助機器學習。準確擷取關鍵詞對於精準推薦很重要，但像自然語言處理這類技術也只能做到某個程度。

話說回來，不論他們的推薦多準確，光是產品優於對手還不夠。要讓頭條的使用人數快速成長，將公司的規模擴大到獨角獸的估值等級，團隊必須掌握成長駭客（growth hacking）這門更黑暗的藝術。

中國式的成長駭客

深圳機場 3A 倉庫堆滿了幾十萬支手機。從頭到尾一個又一個貨架，看似無止境的成堆智慧手機，都是熱騰騰剛從工廠生產線出來的。當日稍晚會全部送上飛機，運到中國各大城市，曲曲折折地經過省經銷商、次級經銷商、零售店等錯綜複雜的系統，最後才送到消費者手中。

一群穿著灰色工作服的年輕男女排隊準備上早班。在不經心的人眼中看起來，就是典型的倉庫工人，準備一整天上貨下貨。事實上這群人的工作非常不同。帶頭者喊：「夥伴們，你們知道該怎麼辦——十二支手機一批，五分鐘，一秒都不能多。上工吧！」大家立刻開始工作。

擺在前面又是一天重複的工作，依照同樣的順序：

使用一種特殊裝置對著手機盒的封條吹熱風，直到膠帶脫落，小心拿出手機，確保全部維持原始狀態。將手機連上一個像厚塑膠盒的機器，螢幕大約和 iPad 一樣大，有一排十二個 USB 插孔。[100] 按下適當的選項，然後按「確認」，等到機器完成後，拔下手機，完全按照原來的樣子放回原來的盒子，重新封上膠帶。

整個過程花不到五分鐘，不斷重複，日復一日。只靠這樣的機器八十六台，三班制不斷輪流，就足以幫十萬支中低價的安卓手機安裝完。目的是在每一支手機批次預載十幾款 app，其中之一是頭條。

回到北京，張一鳴和高階主管曾強（音譯 Zeng Qiang）正在仔細研究預載試算表，這已成為他們每天的例行公事。上面整齊條列每個配銷通路和製造商的總安裝數和啟動數，並依據多種因素詳細分析：三十天保留率、手機型號、Ａ／Ｂ測試、中國各城鎮的覆蓋率等。字節跳動與經銷商達成協議，在手機離開工廠但到達消費者手中之前預載 app。他們發展出一套複雜的系統，讓公司投入這個灰色市場的預算發揮最大效果。字節跳動能以人為方式增加新使用者，讓公司快速成長，就是利用這個極有效的方式。[101]

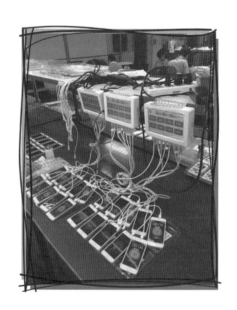

▎三部 app 預載機正在運作，照片攝於深圳

即使以中國網路產業的標準來看，智慧手機預載 app 的市場也像是混亂的蠻荒西部。但這個市場的需求一直很高，因為以這個方式大量觸及中低階安卓手機仍然很符合成本效益。字節跳動開始分配預算到 app 預載時，大約每裝一支手機支付〇．四人民幣（〇．〇六美元），高出當時的行情價，

但還是非常便宜，因為四年間價格持續攀升到超過十二元人民幣（一・六八美元）。

　　預載 app 的做法很有效，因為多數消費者不是不知道，就是不在意手機上裝了什麼軟體，一心只注意價格、品牌、硬體規格，除了安卓作業系統，手機上有其他什麼軟體根本不在乎。很多預載的 app 不是被刪除就是出於好奇只用一次。頭條和其他 app 一樣，有機會讓那些試用一次的人從此愛用。對多數人而言，閱讀新聞和其他網路內容的頻率很高，是一項穩定的需求。頭條的標誌是一份報紙，上有鮮紅的橫幅寫著「頭條」，讓人清清楚楚知道那是什麼 app。如果能讓使用者嘗試預載的 app，他們就有機會讓資料飛輪轉動起來，讓使用者概況更豐富，開始提供個人化的內容。如果使用者養成使用頭條的習慣，通常就再也不會刪除。

　　少有零售店質疑 app 預載的做法，因為這種做法很盛行，在這個競爭激烈利潤微薄的行業，當然很歡迎預載這項額外的收入來源。隨著 app 預載的利潤愈來愈好，銷售鏈裡各層級的經銷商和代理商也很接受這個做法。製造商先裝上他們的 app，第一層經銷商再裝上他們的一批，第二層經銷商又裝一批，甚至連零售店自己可能都加裝一些。[102]

　　某國家電視新聞專題曾經特別報導一個案例，一款新的手機買來時已預載了六十多種 app。有這麼多程式在運作，手機的記憶體只有幾百個百萬位元（megabytes），自然嚴重影響效能。更糟糕的是，常有業者使用一種預載方式會重新安裝手機的整個作業系統。以這種方式安裝的 app 常會賦予系統最高權力的使用者權限（root permissions），讓人無法卸載。[103]

　　在成串經銷商的任何一個環節，都可能在安裝過程拿掉先前預載的部分或全部 app，這對字節跳動這樣的 app 開發商構成嚴重威脅。即使和上游製造商如華為或小米協議好預載頭條在他們的手機，可能也會因下游經銷商重新安裝附有自己 app 的作業系統，最後被拿掉。市場解決這個問題的方法是

讓開發商只有在 app 被啟用時才須付費。這讓上游製造商處於不利的地位，他們對於下游銷售通路的狀況沒有什麼掌控力，更遑論使用者是否決定啟用預載的 app。

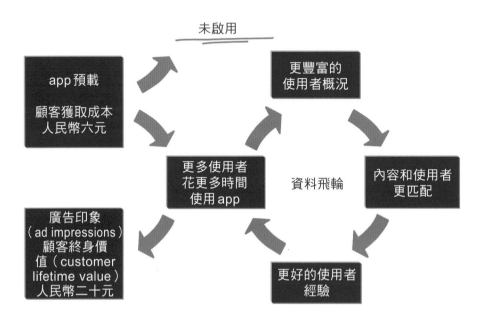

▌app 預載模式（交易價值圖解）

很多開發商和字節跳動一樣，發現必須往更下游去接觸更小型的經銷商和地方倉庫，最後甚至要找上個別商店，才能確保 app 不會被刪除，能夠觸及最終消費者。手機預載讓中國次級城市的商店經理得到不錯的報酬。一家店的批發與零售加起來通常一個月可賣二千支手機。如果每支手機預載二十五款 app，平均單價二元，店經理一個月就可以賺十萬人民幣（一萬四千美元）。賣手機時，店員會幫顧客設定手機，插入 SIM 卡，設定密碼，簽保證書，介紹一些比較有用的捷徑，趁機啟用預載的 app。既然店員在銷售過

程自己就可啟用 app，店經理因此幾乎可以保證百分百的啟用率。

字節跳動選擇大力投資預載，常付出高出市場行情的價格，以掌握最好的合作夥伴，最後改變了業界的權力平衡。其他 app 開發商抱怨字節跳動炒高了預載費用。不僅如此，張一鳴是第一個接受依據安裝數而非啟用數報帳的，這項改變對製造商非常有利。

還有一些比較非正統的方法也可以有效增加安裝數，例如雇用「面對面促銷」（ground promotion）公司提供服務。典型的策略是請女大生在街上攔客，鼓勵他們安裝 app，換取禮物或一點點小錢。這個方法對年輕人不太管用，但果然對年長者有效。

頭條發展初期，字節跳動透過預載獲取數千萬使用者，這使得他們的核心使用者多半使用的是平價的安卓手機——很多都是購買時已預載頭條。慢慢地，這群人的內容偏好開始大大影響大眾對字節跳動的觀感。

頭條漸漸有了一種名聲——專門餵人無腦無文化的垃圾。資深的使用者介面（UI）設計師高寒是字節跳動第二十二號員工，他解釋：「我們必須面對現實，九六％的民眾需求很庸俗。」[104] 他承認該 app 會有這樣的名聲並不冤枉，「頭條當然很低俗，**全部都是誘餌式標題**，各種亂七八糟的新聞，確實低俗。沒錯，我承認就是這樣。」

大家都知道垃圾食物對身體不好，但人們還是愛吃。字節跳動極力否認積極推廣庸俗的內容，[105] 但無可否認他們的業務就是給民眾他們想要的東西。只是剛好中國大眾每天想要餵給腦子的精神食糧相當於一大份油膩的起士漢堡——誘餌式標題、名人八卦、美女圖。高寒繼續說：「你以為整個中國都是社會菁英？大學教育普及率僅四％。」

這樣的現實並沒有讓張一鳴信心動搖，他聲稱每日吸收的資訊，六〇％取自自己公司的產品，主要是頭條。有一次接受媒體訪問，[106] 張一鳴一度拿出手機，詳細為記者解說頭條的首頁。他捲動動態消息，稱讚系統的推薦極

準確。裡面有產業合併報導、股價、主管跳槽新聞──他聲稱每一則內容都精準滿足他的個人偏好，對他很有價值。

在產業新聞報導之間放了兩張附圖的新聞標題：「棒球甜心」「車模」，恰恰是讓該 app 惡名昭彰的低俗內容類型。記者遲疑發問：「這兩者也是系統精準計算的結果嗎？」

是該開始賺錢了

以人為方式增加新使用者和餵他們誘餌式標題的做法無可否認效果很好。接下來的挑戰是如何快速換檔，把重點放在下一個發展階段──獲利。一個明顯的模式是在頭條的動態消息投放廣告，直接擺在其他內容旁邊。

目標很簡單：利用頭條的內容比對行銷（content targeting）那套專門技術，依據使用者的資料投放個人化廣告。這個模式可以規模化，有自動化的潛力，適量運用不會讓使用者太反感。

字節跳動一開始面對的挑戰只有一項，就是本地市場對於手機廣告的效果抱持懷疑。現在聽起來似乎不可思議，但當時很多業者覺得手機螢幕太小，不適合廣告。那時候多數手機廣告都是採取橫幅（banner）或啟動顯示畫面（splash screen）的形式，轉換率（conversion rates）很低，使用者經驗不佳。臉書率先使用的動態消息廣告（newsfeed ads）在美國遠比在中國更能被大眾接受。

在個人電腦時代，中國多數品牌廣告主並不信任線上廣告。他們不願從傳統媒體轉移開，以致中國在數位廣告這個領域比美國落後。在二〇一〇年代中，中國最受歡迎的手機動態消息是微信的朋友圈，他們為了保護使用者經驗積極避免打廣告。母公司騰訊有本錢這麼做，因為他們採行的是一套已經證明有效的經營模式：仰賴間接與微信相關的業務賺錢，例如遊戲的微收費和音樂與影片的優質內容付費訂閱。

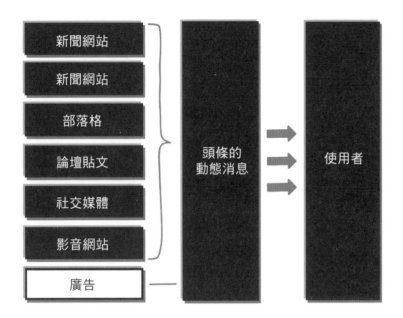

新聞網站		
新聞網站		
部落格	頭條的	使用者
論壇貼文	動態消息	
社交媒體		
影音網站		
廣告		

▌頭條廣泛聚合網路各種形式的內容，提供給使用者單一來源的個人化動態消息，附帶間歇出現的廣告

　　張一鳴知道他必須找到適當人選來帶領字節跳動的獲利，這個人必須很有能力很有野心，在廣告方面有深度的經驗和人脈。最後找到的人是張利東，現在是中國字節跳動的董事長。張利東是字節跳動三十六家分公司的法定代表人，[107] 可以看出張一鳴對他的絕對信任。他堪稱是公司的第二把交椅，一位前副總曾說：「字節跳動有兩個人不可取代——一是張一鳴，一是張利東。」[108]

　　張利東年長張一鳴四歲，中等身材，寬鼻子，黑短髮，來自北方荒涼內陸的山西省，家鄉是人口四百多萬的臨汾市裡最貧窮的地區之一。二〇〇〇年代很多年間，臨汾不幸地被封為地表污染最嚴重的地方，在世界銀行的空

氣品質排名敬陪末座。[109] 中國約三分之一的煤礦都在山西。

張利東早期當了八年多的記者，懷著遠大的志向來到首都北京，進入國營報紙《京華時報》的經濟新聞部門，最後專門負責報導汽車產業。[110] 他快速爬升成為總編，後來還升到副總，成為中國最年輕的廣告總經理之一，名噪一時。但正當張利東的前途一片看好，報紙業務卻急遽下滑。《京華時報》原本擁有很大的銷量和強健的體質，在中國新聞界名列前茅，但在網路時代來臨後被搶走大部分讀者，遭受很慘烈的衝擊。短短幾年他的老東家便在二〇一七年的新年完全中止刊行。[111]

張一鳴有意挖角張利東，邀請他到辦公室談談。張利東一進入會議室，張一鳴便在小白板寫下「用戶量、點擊率、轉換率、單價、每千次曝光成本（CPM）、單次點擊成本（CPC）」，再寫出一長串複雜難解的公式。這個講求技術的老闆接下來花了幾個小時解釋這些算式是怎麼來的。張利東事後承認他一項都不懂，但這不重要，張一鳴利用數學推算廣告的獲利模式，讓他很受震撼。[112]

適應新環境不久，張利東開始帶領公司一步一步嘗試踏入廣告業務。他找到第一個願意嘗試在字節跳動打廣告的客戶，是中國零售品牌「國美」所經營的家電商，距字節跳動在北京北方的辦公室只有十分鐘車程。

那時還未建立後端系統來支持廣告的插入，因此這次試驗在動態消息裡直接寫死（hardcoded）。這第一次廣告是店內兌換券。使用者在動態消息看到廣告後，到店裡結帳時出示廣告給店員看，可免費換取一瓶烹飪油。油是很常見的促銷贈禮，因為中國家庭炒菜都要用油。

起初，只有商店三公里範圍內的使用者可以看到廣告。一個早上過去，沒有半個人去店裡使用。將範圍擴充到十公里，有十幾個人去兌換。公司團隊繼續擴大範圍，最後超過百人前去，所有的烹飪油被兌換一空。團隊初次簡單的進行瞄準地區的廣告，能獲得小小的成果讓他們很興奮。張一鳴後來

說，這讓他想起賈伯斯的自傳，這位傳奇企業家敘述十七歲生日時收到父親贈送的破舊老爺車。賈伯斯樂觀說：「還是一輛車啊！」

張一鳴開玩笑說：「這就是我對我們這第一次廣告的感受。」

有了張利東加入，頭條的銷售團隊兩年內從五個人擴增到數百人。張利東將過去報紙廣告業很多已證明有效的技巧，拿來用在網路廣告業務，派遣面對面的促銷人員到中國各地爭取客戶。最早爭取到的關鍵客戶來自張利東以前在北京和汽車業的工作人脈。

字節跳動全公司的人力有很大比例是張利東監督的銷售員和專門負責商業化的人力。他的團隊除了銷售廣告，還會開發字節跳動所有 app 的商業化策略，如此可減少浪費、重複和團隊的內部競爭。

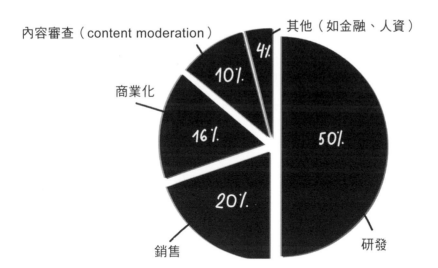

▌ 字節跳動中國人力的最新估計。銷售與商業化團隊加起來占了總人力的三六％

廣告收入年年暴增，二〇一四年三億人民幣，二〇一五年十五億人民幣，二〇一六年大約八十億人民幣，讓字節跳動一躍成為廣告大哥，與中國地位穩固的 BAT 巨擘平起平坐。

這樣的快速成長甚至打敗谷歌和臉書這類重量級大哥——若以兩家公司創立後同樣的時間範圍來比較的話。[113]

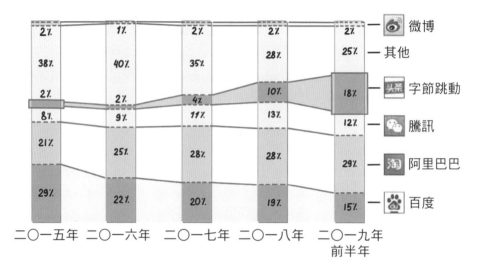

	二〇一五年	二〇一六年	二〇一七年	二〇一八年	二〇一九年前半年	
微博	2%	1%	2%	2%	2%	
其他	38%	40%	35%	28%	25%	
字節跳動	2%	2%	4%	10%	18%	
騰訊	8%	9%	11%	13%	12%	
阿里巴巴	21%	25%	28%	28%	29%	
百度	29%	22%	20%	19%	15%	

▌ 在中國網路數位媒體的支出當中，字節跳動二〇一五年只占二％，到二〇一九年上半年成為第二大，達一八％。同一時期，百度的占比從二九％降到一五％，近乎腰斬[114]

TMD是新的BAT？

字節跳動不再是小蝦米，成了中國網路生態系裡的中堅分子，張一鳴發現自己會被邀請參加最富聲望的產業聚會。由於員工人數大增，辦公室變得過度擁擠。因為空間愈來愈不足，員工分散七、八個地方。張一鳴的辦公室被形容小到「五個人就無法轉身」。[115] 最後不得不搬遷。

他們沒有和其他公司共享辦公大樓，新的總部中航廣場完全屬於他們，就在舊辦公室西方不到一公里處，仍然是在北京的知春路上。裝潢開始有點像現代的矽谷科技公司，牆壁有風格獨特的塗鴉，有健身房、遊戲室、菜色

豐富的自助餐廳。新總部中航廣場的特色是天花板很高，還有寬敞的開放式中央空間——以前是占地廣闊的航空博物館，現在成了「眼球工廠」。

　　一個新的詞彙 TMD 開始出現在中國的科技媒體，代表一群網路新星，挑戰百度、阿里巴巴和騰訊等舊勢力。

　　T 代表頭條。二〇一八年之前，中國媒體總是稱字節跳動為「頭條」。

　　M 代表美團，最大的網路美食外送和餐廳指南平台，由張一鳴的朋友王興創立。

　　D 代表滴滴出行，中國的叫車公司，相當於 Uber。

▌二〇一五年在中國最有名的網路會議烏鎮峰會中，領導者合拍團體照。張一鳴的位置在後排最左邊，顯示他可能是現場重要性最低的人。反之，阿里巴巴的執行長馬雲、騰訊執行長馬化騰、百度執行長李彥宏和 LinkedIn 創辦人霍夫曼站在最中央，就在中國國家主席習近平正後方[116]

　　張一鳴學會較注重外表。以前員工會看到他「有時候因為睡姿不良，有幾綹頭髮冒出來」。[117] 受到祖克柏很有名的效率穿衣法影響，早期張一鳴一度買了九十九件同樣的運動衫，都是中國品牌 Vanke，九十九天都穿一樣

的。[118] 現在的他整齊體面，穿衣品味更好，偶爾甚至會在公開場合穿西裝。

張一鳴到美國參加網路產業論壇，拍照時就坐在微軟的比爾·蓋茲旁邊，看起來很自在。張一鳴的大學室友梁汝波很驚訝，問：「你怎麼能習慣？」張一鳴答：「不習慣啊！」

但同時也可清楚看出來，字節跳動有點因為成功反受其害。中國的網路公司可以大刺刺地模仿競爭對手，所有傳統的網路巨擘現在都急切拷貝頭條的每一個細微創新和產品特色。

大家都明白個人化的威力，現在成了所有內容平台的標準做法，這大大削弱了頭條的優勢。捲動式的新聞和娛樂內容在中國是頭條率先採用的特色，現在開始出現在所有以內容為基礎的 app，從搜尋引擎到瀏覽器 app 都包括在內。此外，可以明顯看到頭條的成長不可避免將在接下來幾年減緩許多，因為已經達到市場飽和，公司必須思考其他成長方式。

影片，新的產業前沿

當張一鳴宣布公司二〇一五年的年會將在小島沖繩舉辦，員工都很興奮。有幾天的時間，他們可以離開北京霧霾籠罩的寒冷街道，到東南方約二千公里外浪漫的日本小島，享受新鮮的空氣和溫和的氣候。讓全體員工飛到海外享受迷你假期，對於執迷工作的「九九六」世代 [119] 簡直是聞所未聞。沖繩之旅的消息甚至登上產業媒體版面，評論認為「享受慵懶的陽光才是最佳獎賞」。[120]

▌二〇一五年一群字節跳動的員工在沖繩擺姿勢拍照[121]

　　會後張一鳴安排幾位經理到非正式的日本居酒屋聚會。他們品嘗風味佳餚和當地清酒，酒酣耳熱之際，話題談到公司的未來走向。張一鳴提出他的想法：「也許是到了應該嘗試短影音的時候了。」

　　早在二〇一五年，短影音類型的手機 app 在中國已經不新鮮。先前一年裡，業界很多大咖大力投資推廣他們的短影音 app。騰訊的微視和微博投資的秒拍都在地鐵打廣告，都市的工人不可能沒看見。早期的贏家已經嶄露頭角，本地的 app 如美拍和快手都占穩地位，擁有大批活躍用戶。很多人評估字節跳動已經錯失良機。

　　另一方面，影片已經為頭條的新聞 app 帶來龐大的使用者參與（engagement）。前一年頭條已加入專業產生的影片內容，通常是一到五分鐘的影片，觀看率節節上升。此外，他們也推出幾種獎勵計畫來吸引影片創作者，成效很好。

　　短影音的興起恰逢中國的手機連線和基礎建設大幅改善時，4G 網路這時已是標準設施，咖啡廳和餐廳到處都有免費 Wi-Fi。手機螢幕變得更大，解析度更高，種種條件俱足，恰足以讓手機的影片內容大放異彩。

　　對字節跳動而言，這將開啟一個新的時代，完全改寫這家公司的核心價值。

第二部

前端

全螢幕短影音

第 5 章
從巴黎到上海
——Musical.ly

「這無疑是史上最年輕的社交網路。」

——蓋瑞・范納洽（Gary Vaynerchuk）

▌Musical.ly 網紅妮可・拉伊諾（Nicole Laeno）二〇一七年的螢幕截圖，時年十二歲

本章時間表

- 二〇一三年一月——　Vine 一推出立刻大受歡迎，這是一款循環播放六秒短影音的流行 app

- 二〇一三年六月——IG 加入十五秒影片分享

- 二〇一三年七月——巴黎的一個小團隊想出全螢幕直立顯示、音樂為主的短影音

- 二〇一三年十月——　Mindie 首次在蘋果 app 商店推出

- 二〇一四年一月——　Mindie 宣布獲得種子基金投資，搬到加州

- 二〇一四年四月——　Musical.ly 第一版推出

- 二〇一五年一月——對嘴 app Dubsmash 在全球造成轟動

- 二〇一五年四月——《名人對嘴生死鬥》（*Lip Sync Battle*）在美國的 Spike TV 首播

- 二〇一五年七月——　# 勿以貌取人挑戰爆紅，將 Musical.ly 推上美國 app 商店下載榜首

- 二〇一六年五月——　Musical.ly 取得第三輪資金一‧三三億美元，總估值超過五十億美元

- 二〇一六年十月——推特宣布停用 Vine

　　二〇一三年一個炎熱的夏日，在巴黎中心靠近里昂車站的小小地下室，四個年輕人在蘋果電腦 Macbook Pros 上不停打字。這幾個朋友葛雷哥里‧亨利昂（Gregoire Henrion）、克萊門‧拉芬諾（Clément Raffenoux）、賽門‧柯辛（Simon Corsin）和史丹尼斯拉斯‧柯賓（Stanislas Coppin）都是法國美術學院（National School of Fine Arts）的大學生。裡面最有科技專業的柯辛也在歐洲理工學院（Epitech Engineering School）學

習過。這個小小的新創團隊因為同樣熱愛電影和科技而結合 ，這時正嘗試 iPhone app 的開發。

他們的第一個作品是一款名為「永遠」（Ever）的 app，讓使用者可以合作創造故事集。雖然設計精美，但構想不具創意，也不是非常實用，最後終究失敗了。他們花了幾個月辛苦投入，但還是得面對殘酷的現實──必須捨棄這項計畫，重新開始。

他們為了尋找靈感，開始下載熱門 app 加以分析。Vine 是六秒的影片分享平台，幾個月前推出後一炮而紅。Vine 的展示版太轟動，據說 app 還未正式推出，推特的創辦人之一傑克·多西（Jack Dorsey）便花了三千萬美元併購該公司。同時 IG 也剛加入十五秒影片的選項。

這群人繼續試驗 Vine 和其他短影音 app 的用法，[122] 發現還有很多可以改進的空間── Vine 和 IG 都是以正方框顯示影片。以 iPhone 的螢幕比例來說，他們認為影片當然應該是直立的，才能善用整個螢幕。

Vine

· 捲動的動態消息
· 四方形的影片
· 影片約占一半螢幕
· 帳戶資訊、評論、按讚等與影片分開顯示
· 首頁圖示在左上角，附下拉式選單

▌ 二〇一三年 Vine 的介面與標誌

　　他們先做出測試版，看看這個概念的實際樣貌如何。但影片占據了整個螢幕，就不再能捲動瀏覽動態消息，便會出現如何換到下一支影片的問題。四人決定實驗向上滑的動作，結果效果很好。從一支影片換到下一支影片會帶給人驚喜與期待，使用者完全不知道滑一下會出現什麼。

　　iPhone 早期的照相機很陽春，但該團隊很喜歡 IG 的濾鏡功能，讓普通的 iPhone 照片看起來很專業。影片也有同樣的 app 嗎？他們很快就找到答案——解方不是別的，就是音樂。**為影片配上音樂能創造很好的效果，就像使用濾鏡美化照片一樣。**將專業製作的音樂和使用者製作的影像作品結合起來，可以快速簡單地立即讓影片增色不少。

　　亨利昂後來受訪時解釋：「音樂是創意催化劑，要拍攝有趣的影片很複雜，但就算影片拍得不好，配上音樂也可以變得有趣。」[123]

　　一開始他們選擇的設計順序只能拍完影片再配上音樂。這和 IG 很類似——必須選完圖片後再加上濾鏡。後來他們領悟到可以顛倒順序，先選音樂，使用者拍影片時一邊大聲播放。柯賓解釋：「這等於將你的照相機變成了卡拉 OK 引擎。」

　　更棒的是，該團隊發現有一款開發者應用程式介面（API），讓他們可以取得 iTunes 上所有販售音樂的三十秒試聽片段。太完美了。他們可以取得大量曲目，包括 iTunes 的獨家販售歌曲。試聽的歌曲會將流行歌剪到剛要進入最洗腦的那一段，這真是再適合不過了。

　　這時他們快要做出原型了。回到地下室的電腦，他們要做出一項選擇：如果影片占據整個螢幕，選單和影片的資訊要放在哪裡？答案是疊在最上面，顯示最少量的資訊——影片名、創作者名、「讚」與「分享」鈕、音樂圖示、一個大大的＋號讓人建立新影片。

▍二〇一四年一月發布的一支Mindie影片，一個足球員穿著巴黎聖日耳曼足球俱樂部的球衣在頂球，搭配德雷克（Drake）的歌〈最糟糕的行為〉（Worst Behavior）

　　這幾個年輕人利用自己做的app製作影片，領悟到音樂比影像更有力量——影片變成陪襯歌曲的迷因。歌曲本身可以當作主題標籤，方便以音樂為主的內容發掘。四人拉開距離評估成品，都認為他們挖到金礦了。這個以音樂為主的直立螢幕短影音app乾淨極簡，讓人耳目一新，提供的經驗與市場上現有的任何app都不一樣。

　　接著他們開始尋找適合的app名。拉芬諾想到「Mindie」，結合「主流和獨立製作」（mainstream and indie）二字。影片的長度一開始設為七秒，比短影音的市場領導者Vine多一秒，因為他們覺得對多數音樂影片而言，六秒實在不夠長。[124]

　　十月Mindie在app商店悄悄推出，只引起少數科技業媒體的注意，[125]

但得到的少數評價大致都是正面的，其中一篇文章說：「有趣的 app，讓你可以創造簡短可分享的迷你流行影片。」[126]

▌二〇一三年十二月在巴黎的網路會議（LeWeb conference），Mindie 創辦人之一亨利昂示範 Mindie，立刻可以看出這是 TikTok 的前身[127]

　　早期使用者的反應極佳，該團隊已做足工夫，現在可以去爭取專業投資者的支持了。他們先在歐洲爭取當地的投資人，不久飛越大西洋到紐約，最後落腳舊金山。到了一月，他們已取得大約一百二十萬美元的種子投資，準備打包行李拋下巴黎，搬到陽光燦爛的美麗加州，完全不知道他們的命運將與世界另一端——中國——的一小群企業家產生交集。

胡言亂語的朱駿

　　長髮、有點鬍子、喜歡圍圍巾的朱駿看起比較像藝術家，而不像典型的新創業者。朱駿生於安徽，傳統印象中那是中國一個不靠海的貧窮省份，在上海西方數百公里。朱駿不久前移民美國，服務於矽谷的德國企業軟體巨擘 SAP 公司。他的頭銜是聽起來很光鮮的「未來教育家」（Futurist of

Education），但他後來形容那是份簡單又無聊的工作。朱駿在一場活動的台上以微帶口音的英語開玩笑說：「企業（軟體）是不錯的事業，但不夠有趣，我要當個有趣的人。」[128]

朱駿的網路自介透露出內在的叛逆和特立獨行——在 LinkedIn 的工作地點說是火星，選擇的推特化名是「胡言亂語」（bullshitting）。他的工作是撰寫公司部落格文章和製作簡報，預測教育的未來趨勢，這些無法帶給他成就感。他覺得很挫折，二○一二年寫了這則推文：

「是該走出企業，做點有意義的事了……沒有**冒險**的人生**毫無意義**。」[129]

朱駿迷上「大規模開放線上課程」（massive open online courses），流行簡稱磨課（MOOCs），在教育界正盛行。朱駿擔任未來教育專家時透徹研究過這個領域，注意到一個致命的缺點：磨課無法如很多人希望的真正改變教育，因為報名的人九成以上沒有完成課程。

朱駿覺得他有解決方法。他後來形容那是改變教育的億萬美元構想——把課程變短，適合在手機上學習。套用他的話，就是「推特和線上學習平台 Coursera 的綜合體」。他的願景是創造一個生氣蓬勃的 p2p 教育平台，讓人們可以創作與消費各種生活主題的迷你課程，例如烹飪、瑜伽、繪畫等，只用手機就可以。

朱駿的朋友陽陸育幫助他釐清願景，朱駿和陽陸育以前都在易保軟體公司（eBaoTech）擔任總監，[130] 這家上海公司專門為保險公司提供服務，客戶遍及世界各地，陽陸育因而有機會到處旅行，最後落腳加州，在那裡和朱駿重新聯絡上。陽陸育被朱駿的構想說服，辭掉易保軟體的工作，和他一起創立嶄新的教育 app。[131]

陽陸育來自中國南方的湖南省，比朱駿小一歲，外表更年輕，一張寬而微胖的臉，鬢髮向上梳的髮型很獨特。陽陸育和朱駿一樣是網路老將，在易保工作七年，同樣很有創業魂。在大學讀熱能與動力工程時，他就在閒暇

時間建立學生新創網站「賽諾網」（Sino Network）。[132] 二〇〇五年他成立網路客製化運動衫事業，只可惜當時與今日不同，中國的物流尚未發展成熟，且成本太高，導致他的構想無法成功。

朱駿和陽陸育合創知了教育（Cicada Education），第一輪募資獲得華岩資本（China Rock Capital Management Ventures）[133] 投入二十五萬美元。二〇一三年他們花了半年時間成立團隊和製作原型。

有了剛出爐的 app 測試版，朱駿興奮地跳進去製作他的第一堂課，挑的是容易上手的輕主題「咖啡的歷史」。他辛苦地花了兩小時做出一堂只有短短三分鐘的課，目標是將實用淺白的知識濃縮成容易吸收的短課程，但過程比他想像的困難許多。將課程縮短並不會讓研究與課程規畫的工作更容易。即使花了兩個小時，朱駿對自己做出來的課還是一點都不滿意──不過是以靜態的畫面和旁白結合起來的無聊影片。初期的種子投資只剩八％的資金，他們覺得，與其將資金退還給投資方，不如轉移到完全不同的方向會更好。

朱駿說：「我們將這款 app 發布到市場的那天，就明白絕不會成功，註定會失敗。」

Musical.ly 的誕生

朱駿在活動與媒體訪問中多次被問到，創造 Musical.ly 的靈感來自哪裡，他的回答都和下文大同小異：

「有一天我搭乘從舊金山到山景城的加州列車，車上坐滿了青少年。我觀察他們的行為，發現一半都在聽音樂，另一半在拍照或錄影，開著喇叭配上音樂。青少年對社交媒體、照片、影片和音樂都有濃厚的興趣。我開始動腦，思考能不能將這三種強大的元素結合在一款 app 上，設計出音樂影片的社交網路。」[134]

他們從這個點出發，改弦易轍，發展出一種將他們帶往全新方向的原

型。短短三十天,他們設計出結合音樂與短影音的全新經驗──這是專門為年輕人量身訂製的社交網路。Musical.ly1.0 在超短的時間內開發完成,二〇一四年四月上線。

app 開場播放歌曲〈永遠年輕〉(Forever Young),循環播放的背景影片是兩個年輕女子在海灘玩。在首頁的標誌下,app 的標語寫著:Musical.ly ──即時音樂影片。[135] 這則童話般的回歸故事很適合做為媒體訪問的材料,卻有粉飾真相的嫌疑,事實是該團隊是仿效 Mindie。

Mindie 團隊沒多久就注意到他們有了新的競爭對手。若在 app 商店搜尋「Mindie」,結果 Mindie 的旁邊會同時出現 Musical.ly,兩種 app 共享同一個關鍵字。Mindie 的共同創辦人柯賓說:「一開始我們真的很驚訝……所有的東西都一樣,甚至包括 app 商店的部分敘述、標誌顏色和漸層。」

該團隊明白他們犯了一個錯誤,不該將部分程式放在開發者網站 Github,立刻被朱駿拿去加速開發 Musical.ly。他們搜尋使用者資料,發現朱駿的帳戶,原來他是非常活躍的早期採用者。

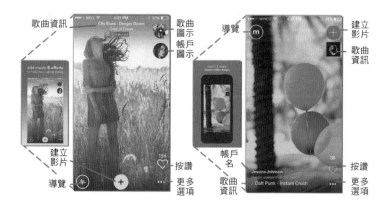

將最早的 Musical.ly 使用者介面和 Mindie 的並排比較,畫面取自兩者的 app 商店敘述,時間點是 Musical.ly 剛發布時。有趣的是兩張圖片都顯示同樣的時間(下午四:二一)和電池量(二二%)

　　仿效另一個更有創造力的團隊只是 Musical.ly 的起點，但不保證會成功。朱駿和陽陸育的新創事業仍然前途未卜，資金少得危險，團隊人數不到十人，要吸引程式設計人才非常困難。

　　他們沒有集中火力在單一市場，而是在全球多個地區以多種語言發布app，包括中國，但將名稱改為反傳統但容易記住的「媽媽咪呀」。陽陸育解釋，他們的邏輯很簡單：「中國人第一個想到的音樂劇是媽媽咪呀。」[136]但沒有效，換了名字，app 在當地卻失敗了。

　　陽陸育後來受訪時解釋：「與其說我們選擇美國市場，我會說是美國市場選擇我們。美國是音樂王國——每個人都超愛聽音樂。」[137]美國的初期採用者是初高中學生，他們放學後有很多時間休閒娛樂。反之，中國的青少年通常放學後還要辛苦補習和準備考試。如果社交媒體是要分享自己的生活，中國的青少年沒有多少可以分享。陽陸育受訪時說：「我有一個表弟每天讀書十二小時，哪有時間可以在 Musical.ly 上發揮什麼創意？」

　　雖然初期反應不錯，使用者保留率尚可，籌資仍有困難，被超過二十個投資人拒絕。陽陸育記得有投資人告訴他：「只要你能舉出一個國內團隊把國外的社交產品做起來的例子，我們就投資。」[138]確實一個都沒有。

▋ 早期的Musical.ly團隊（前排中是陽陸育），攝於二〇一四年末上海E快創營的[139]辦公室

他們的行銷預算是零，要在高度競爭的中國市場成功，又多了一個希望渺茫的理由，因為中國市場典型的推廣策略是高價請網紅宣傳，建立大型行銷團隊。

Musical.ly 卻只仰賴口耳相傳和免費的成長駭客手法。當 iOS app 商店開始依搜尋字排序，他們也善加利用這一點，在商店的 app 名稱旁增添一堆熱門字，以提升搜尋排名。app 的名稱一度變得很冗長，「Musical.ly ——使用各種效果製作超讚的音樂影片，可用於 IG、臉書 Messenger。」

他們在 app 的早期版本放上明顯的連結，鼓勵初期採用者傳送反饋。他們每天都會收到電郵，主旨可能是「關於 Musical.ly 我最喜歡的三件事」或「Musical.ly 讓我最討厭的三件事」。光是一個月他們就收到美國使用者寄來二百多封電郵，告訴他們哪些地方需要改變。

為了了解使用者的感受，朱駿花很多時間在 app 上，註冊了數個假帳戶，偽裝成固定使用者。[140] 他會評論別人的影片，詢問為什麼會分享或創作某種內容，這是中國的科技業老闆常使用的使用者研究方法。他們會將數百位早期的忠實使用者帶到微信群組，每天對話。每一項新功能都會分享試驗模型（mockup）來取得立即的直接反饋。依據這些對話所做的最早一項改變，是將影片延長為十五秒，以配合 IG 的限制，IG 是青少年最想要分享影片的平台。

創意挑戰

為了在早期採用者之間培養社群感，該團隊發現最有效的方法是定期推廣「挑戰」。所謂挑戰基本上就是使用者創造的影片迷因。[141] 挑戰會設立可複製、固定樣式的結構，讓任何人都可參與製作自己的版本。從簡單的一套舞步到滑稽的惡作劇，什麼都可以。在 Musical.ly 之前，瘋傳的影片迷因已在其他社交媒體平台蓬勃發展。有名的例子包括「哈林搖」（Harlem

Shake），[142] 即一群人瘋狂地一起跳舞，另外還有「冰桶挑戰」，[143] 名人互相挑戰從自己的頭上澆冰水，促進大眾對漸凍症的認識。「挑戰」一詞明確傳達了參與和好玩的性質。

Musical.ly 鼓勵使用者參加正流行的挑戰，做出自己的版本。透過挑戰可以教導使用者，示範製作影片的新方法，也讓經營團隊更能掌控內容創作的方向。挑戰讓使用者有動機參與和創造影片，而不只是被動觀看別人的作品。

朱駿解釋：「Musical.ly 和 Vine 的主要差異是我們降低了內容創作的門檻，所有的消費者都同時是創作者。」在他看來，降低創作門檻是 Musical.ly 的成功關鍵，Musical.ly 的所有內容都是使用者創作的。

創作影片的最大阻礙並不是技術。所有新式的短影音手機 app 都內建容易使用的迷你編修功能，年輕的使用者尤其可以毫無困難地明白如何增添音樂、文字和使用錄影功能。Vine 的錄影功能尤其是極度簡單——瞄準照相機，按鍵就可錄六秒。

害羞也不是問題，很多年輕的使用者都喜歡幫自己錄影。比較大的阻礙是創意和靈感——如何想出好的點子。多數使用者都需要靈感。很少人能夠像已經知名的 Vine 明星那麼有時間、有才華、那麼投入，例如札克·金（Zach King）就是以擅長運用數位編輯技巧創造神奇效果而聞名。

音樂很能激發創意，在 Mindie 或 Musical.ly，你可以輕鬆選擇喜歡的歌曲模仿或跳舞。但 Musical.ly 團隊發現，推廣每日挑戰更能培養固定創作的習慣，效果好很多。使用者無需想太多，只需要跟著群眾走，依據已經熟悉的主題自己稍加變化就可以。模仿別人不只沒關係，還被大加鼓勵。

挑戰也有助於對抗最困難的阻礙——欠缺**動機**。挑戰會帶給人急迫感，使用者必須趁著好玩的挑戰正流行時今天趕快參與，否則只怕會錯失機會。參與也讓人感覺屬於一個更廣大的社群。Musical.ly 前營運副總周秉俊在

二○一六年的演講透露：「每個（Musical.ly 的）使用者平均每天創作一支影片以上。」[144]

到二○一四年底，Musical.ly 已累積一群核心的忠實使用者。他們的團隊透過微信群組每天和數百名 Musical.ly 粉絲交流，儘管在世界另一端，卻很貼近使用者。他們愈來愈能細膩掌握美國青少年文化的特質，粉絲也透過交流提供可以推廣或強化挑戰的新點子。營運團隊不斷觀察哪些影片在平台上人氣上升，宣傳那些他們覺得可以吸引其他人產生興趣和靈感的影片。

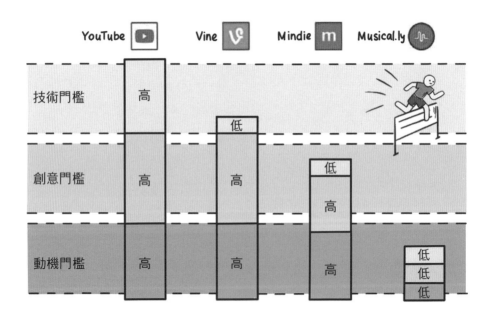

▍YouTube、Vine、Mindie、Musical.ly 的內容創作門檻

這種每天實際操作的工作很耗費時間，需要人力，難以自動化。美國的網路公司偏好可擴充、由數據與技術驅動的成長方法。Musical.ly 卻是援引中國的標準模式，這類低技術策略在中國很常見，稱之為「營運」

（operations）。[145]

　　仰賴營運可以奠立堅實的基礎，但 Musical.ly 那時還未能達到可擴充的轉捩點（tipping point）。眼見籌資困難，團隊又縮減到只剩區區七人，兩位創辦人猶豫著要不要繼續營運下去。朱駿說：「有時候緩慢成長比快速失敗更糟糕。」

Dubsmash

　　穿著光鮮的新聞主播轉向攝影棚的鏡頭，以嚴肅的語調高呼：「對嘴正當紅！」共同主播接著說：「珍，你說得沒錯，新的 app Dubsmash 的風潮正席捲全球！這款 app 自十月推出以來已被下載超過一**千萬次**，真讓人**刮目相看**！」

　　二〇一五年初，關於 Dubsmash 的新聞像野火燎原般延燒全球主流報紙和電視。這款一系爆紅的 app 由三位德國工程師設計，領導者是執行長喬納斯・德呂佩爾（Jonas Druppel）。Dubsmash 只做一件事──讓使用者創造十秒的對嘴影片。人們愛死了。

▌Dubsmash 的截圖，取自二〇一五年 app 商店的介紹

Dubsmash 發布才短短七天，在德國的 app 商店就登上第一名的寶座。後來在其他四十個地區也都是榜首，打敗臉書、YouTube 等傳統龍頭。

Dubsmash 與眾不同之處，在於精準定位於一個簡單明瞭的用途——製作對嘴的簡單工具，如此而已。Dubsmash 提供相當豐富的音頻庫供使用者選擇，包含知名電影的對白和歌曲片段，各種性格的人都能找到喜歡的內容。

只可惜 Dubsmash 面臨了小團隊早期出乎意料爆紅時常見的挑戰：後端基礎設施完全無法應付爆炸性的成長。他們沒有使用者帳戶系統，[146]沒有登入或註冊方式，沒辦法加好友或與其他使用者互動。使用者也無法在 app 裡貼文，將影片下載到手機，透過其他社交媒體平台分享。這使得 Dubsmash 很難留住使用者，風靡一陣子之後來就退燒了。

這個一夕成功的例子凸顯對嘴多麼受歡迎，也預示了 Musical.ly 接下來的命運。

對嘴戰——轉捩點

二〇一五年四月初，上海的 Musical.ly 團隊注意到下載數出現不尋常的狀況。每週四晚上，安裝數都會異常大增。上海團隊著手了解原因，在網路以及透過使用者反饋團體進行廣泛的研究。最後得到一個答案——《名人對嘴生死鬥》（*Lip Sync Battle*）。

這是新的電視競賽節目，由饒舌歌手 LL Cool J 擔任主持人之一，在現在已經改名的美國電視頻道 Spike TV 播出。[147]這個節目是從當紅節目《吉米 A 咖秀》（*Jimmy Fallon Show*）衍生出來的，一播出就大受歡迎。第一集在四月二日上映，是該頻道有史以來收視率最高的首播。播出期間和播出後，有些觀眾會搜尋可以讓他們錄製對嘴影片的 app。很多人找到 Musical.ly，導致下載數飆高。

　　受到 Dubsmash 的成功激勵，該團隊在已經很冗長的 app 名稱和敘述裡塞進這個關鍵字。他們決定要盡快加碼對嘴的使用，重新定位該 app，更加凸顯對嘴的功能。

　　此外，他們更增添示範短影音引導新加入者，讓人立刻就能了解如何製作對嘴影片。經營團隊篩選出一系列他們認為做得最好的對嘴內容，確保那是第一批顯示的影片，好讓新的使用者感到驚豔。app 開始傳送通知給新使用者，鼓勵他們「上傳第一支對嘴影片」，共同創辦人朱駿認為這個做法「大幅改善保留率」。不久他們又加入雙人功能，讓兩個使用者可以合作製作一支影片。四月初，Musical.ly 的 iOS app 商店排名大約在一千四百名，這時每週都在榜上快速竄升約一百名，而且看來還沒到頂。

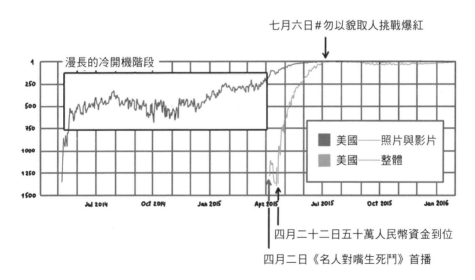

■ Musical.ly 從二〇一四年初到二〇一六年初在美國蘋果 app 商店的排名[148]

#勿以貌取人挑戰

二〇一五年七月五日，Musical.ly 的營運團隊發現，有些使用者開始張貼一種新式影片。影片開始是一個人扮醜，穿著邋遢，一頭亂髮，臉部通常化妝成好像長青春痘。幾秒鐘後，影片突然切換到同一個人的另一個樣子，與一秒鐘前幾乎判若兩人：穿著最好看的衣服，頭髮梳理整齊，化妝，搭配迷人的背景燈光。影片的訊息很簡單：勿以貌取人。

團隊看到這種新迷因還拿來開玩笑。有些影片的娛樂效果讓人驚豔，可以看出美國的青少年創意十足。

晚上七點離開上海的辦公室前，陽陸育決定將一些類似的影片標註為精選內容，如此可享有優先的流量分配。他沒有多想就和平常一樣回家了。

隔天陽陸育醒來發現，前一晚的行動在世界另一端引發完全意想不到的反應。那天是他的生日，按照中國的辦公室文化，他可以預期會有一個蛋糕，團隊會送小禮物給他。沒想到什麼都沒有。他走進辦公室時，迎接他的是興奮的驚呼，一個同事瘋了似地對他大喊：「我們是第一名了！你不知道嗎？」[149]

那個迷因一夕爆紅。附上主題標籤 # 勿以貌取人挑戰的幾十萬支影片湧入平台，蔓延到臉書、IG、推特和其他社交媒體平台。短短一週，人們創造了四十萬種相似的迷因，觀看次數全部加起來估計超過十億。[150]

初嘗成功滋味，躍居美國 app 商店榜首後，籌資變得容易許多。到二〇一五年的突破性進展之前，Musical.ly 釋出相當多的股份[151]給中國手機 app 開發商獵豹移動（Cheetah Mobile），換得五百萬人民幣（七十萬美元），讓他們能挺過漫長的冷開機階段。突破之後，他們立刻著手以高很多的估值爭取新一輪投資，為公司挹注一千六百六十萬美元。

隨著公司快速擴充，他們在美國成立新辦公室，招募行銷部門、業

務發展、內容授權人員等等。同時以舊金山 WeWork 辦公室為基地，挖角朱駿老東家 SAP 的人才，建立一個新的小團隊，由艾力克斯·霍夫曼（Alex Hofmann）帶領，頭銜是北美營運總裁。除了創辦人，霍夫曼將成為 Musical.ly 在很多媒體活動與訪問中的新面孔。資金已到位，團隊也擴充了，使用者人數這時以千萬計，Musical.ly 進入新的發展階段。

Numa Numa
爆紅對嘴影片
二〇〇四年十二月

哈林搖
爆紅影片迷因
二〇一三年二月

▎左圖：網路第一支爆紅的對嘴影片「Numa Numa」（你就是不想帶我走），[152] 攝於二〇〇四年，當時還沒有 YouTube。右圖：二〇一三年爆紅的影片挑戰迷因，哈林搖[153]

艾麗兒

艾麗兒·蕾貝嘉·馬汀（Ariel Rebecca Martin）真的是靠著一卡皮箱過生活。一場洪水幾乎毀掉她在南佛羅里達的家，現在他們全家人只能住在她祖母家的一個房間。十四歲的艾麗兒有一雙綠眼睛，褐色長髮，還有無窮的活力。她因為太無聊了，找來一群朋友，就睡在她祖母的沙發。

這天艾麗兒再次打開手機檢查 IG，一支帶有 Musical.ly 浮水印的影片引起她的注意。她和朋友覺得很有趣，決定下載 app 一起看看。她們先設定自己的新簡介，她的朋友選擇螢幕名稱「皇后」，另一個選「舞者」。艾麗

兒一時興起選了「寶貝」，[154] 開始思考第一支影片要用哪一首歌。弄清楚如何使用錄影效果後，她便花心思創造出一連串的手勢來搭配歌詞。大約練習了一個小時，艾麗兒準備好張貼第一支影片，搭配她最愛的歌曲——妮琪‧米娜（Nicki Minaj）的熱門歌曲〈傻妞〉（Stupid Hoe）。[155]

後來艾麗兒發現她剛開始做的影片當中，有一支被放在 app 的精選影片，興奮尖叫。被精選等於是平台對她的正式認可，過程中她增加了幾千名新的追蹤者。艾麗兒立刻有股衝動，想要回去改名，後悔隨意選了「寶貝」。深思之後，她確定已經太晚了——這時她的粉絲已經認識她就是寶貝艾麗兒。

那個夏天的幾個月裡，她繼續在祖母家紫丁香色的房間張貼對嘴影片。她的家人都忙著整修房子，她和弟弟無法按照計畫去夏令營。於是艾麗兒閒餘時間都在玩 Musical.ly。她的影片繼續被精選，追蹤人數這時已有數十萬。艾麗兒發現她天生很會創造手勢搭配歌詞，無窮的活力和燦爛的笑容更是天生適合拍音樂短影音。短短幾個月，十四歲的艾麗兒在 Musical.ly 成為最有名的帳戶，讓她自己和父母都很驚訝。

全家人很快就意識到這是大好機會，艾麗兒挖到數位金礦了。母親幫她設立網站，隨著影片擴展到其他平台，艾麗兒開始在家自學，以便維持忙碌的內容創作時間表。快轉到五年後，今天艾麗兒在 TikTok、IG、YouTube 和推特已分別累積三千三百萬、九百萬、三百萬和一百多萬追蹤者。[156] 她不但發行歌曲，參與電影演出，還被《時代》雜誌選為網路最具影響力的人物之一。

對很多青少年而言，艾麗兒的崛起是童話故事，夢想成真。她的成功來得如此自然快速，幾乎像是早就註定好了一樣。事實上，實際狀況與此相去不遠。艾麗兒的崛起是一個龐大許多的計畫的一部分，包括艾麗兒在內的一小群人都因此計畫獲益良多。可以說 Musical.ly 建立了一套眼球經濟。

Musical.ly 式經濟

Musical.ly 這個平台的所有內容都由使用者創作，朱駿和陽陸育必須仔細思考如何培養活躍的社群，確保有一群穩定用心的創作者，定期產出高品質的內容。如此才能提供黏著度和持續性，避免像其他小型社交媒體平台一樣，落入曇花一現的命運。朱駿將他們的策略比擬為「建國」。

他說：「要建國就必須吸引移民，要吸引移民就必須讓一小部分的人先富起來。」

依照他的看法，Musical.ly 就像新發現的大陸，需要誘引新移民，如同當初的北美十三州。人少時，新大陸的國內生產毛額（GDP）也少。財富均分的結果會讓所有人的生活都很辛苦，也就無法吸引更多移民。解決之道是刻意培養收入極度不平均的經濟，將多數 GDP 分配給一小群拓荒者——以 Musical.ly 的例子來說，就是早期使用者。這群人富起來之後，消息會傳出去，激發淘金潮，便會有其他人跟隨第一波移民的腳步，迫切想要在這個新世界試試自己的運氣。

套用朱駿的話，後來的移民者也有機會「實現美國夢」。他比喻這個過程就像從中央化的計畫經濟，過渡到市場導向、去中央化的經濟，培養崛起的中產階級。[157] 大明星仍然很富有，但也必須能夠讓有才華但沒沒無聞的新創作者被發現、被獎勵。

「富起來」是比喻取得「Musical.ly 名人」的高社會地位。經營團隊擁有像上帝一樣的權力，可以人工選擇哪些影片被標註為「精選」，以此操縱平台上的眼球，確保個別帳戶獲得大量曝光。這類影片會被大力宣傳，保證有超高的曝光度。在這套系統的運作下，在上海郊區毫不起眼的共同工作空間的幾個人，透過挑出精選影片，便可對美國的青少年和前青少年文化產生極大的影響力，如同 # 勿以貌取人挑戰所顯示的。

　　朱駿拿移民來比喻，其實是委婉地說明，遊戲規則是 Musical.ly 訂的。他們將巨大的流量驅向特定的個人（如寶貝艾麗兒），讓他們一夜之間成為網路紅人。隨著 Musical.ly 逐漸成長，這些人成了真正名人，一部分是因為他們的創意、堅持和努力，但大部分是因為上海的內容營運團隊，用看不見的手將爭奪眼球的遊戲撥向對他們極有利的方向。

比 Snapchat 更年輕

　　當 Musical.ly 大到足以引起主流媒體注意時，記者第一個注意到的地方是使用者的年齡。網路行銷大師范納洽在一篇介紹該平台的文章中 [158] 驚訝道：「這無疑是我們見過最年輕的社交網路。Snapchat 和 IG 有一點偏年輕……但 Musical.ly 的使用者根本是小一到小三。」

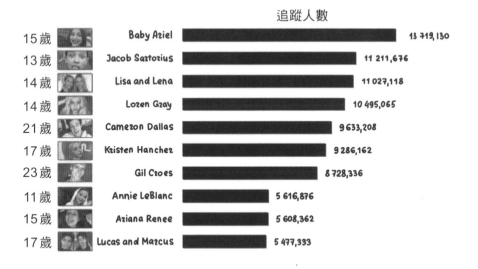

		追蹤人數
15歲	Baby Aziel	13 719,130
13歲	Jacob Sartorius	11 211,676
14歲	Lisa and Lena	11 027,118
14歲	Loren Gray	10 495,065
21歲	Cameron Dallas	9 633,208
17歲	Kristen Hancher	9 286,162
23歲	Gil Croes	8 728,336
11歲	Annie LeBlanc	5 616,876
15歲	Ariana Renee	5 608,362
17歲	Lucas and Marcus	5 477,333

▌ 二〇一六年末 Musical.ly 最受歡迎的前十大帳戶簡介，圖中列出當時的追蹤人數和創作者的年齡——介於十一歲到二十三歲，平均十五歲 [159]

　　Musical.ly 尤其受到年輕創作者的喜愛，因為比較老牌的成熟平台如 YouTube 和 IG，已經大到變成嘈雜飽和的生態系，要獲得注意和吸引新的追蹤者非常困難。青少年通常沒有 IG 網紅必備的攝影技術和光鮮亮麗的生活，或建立推特帳戶所需的機智寫作風格。但對嘴和跳舞非常適合；青少年很有創意，熱中分享，放學後有很多空閒時間。他們能夠很自在地拍攝影片，對於使用手機的前置鏡頭來記錄自己很開放。Musical.ly 大量使用大膽炫目的顏色，團隊利用這個特色擁抱年輕族群。

　　青少年對音樂與娛樂產業是很重要的族群，因此沒多久藝人也開始試水溫。歌手 A 咖傑森（Jason Derulo）第一個透過 Musical.ly 分享自己在排練室跳舞的影片。看到他成功吸引青少年的注意，其他名人很快就明白了 Musical.ly 的行銷力量。水閘門一下打開，許多藝人如席琳娜・戈梅茲（Selena Gomez）、女神卡卡（Lady Gaga）、凱蒂・佩芮（Katy Perry）都跳上這個平台來和年輕觀眾建立關係。有些人開始分享未發表歌曲的片段，激發聽眾對即將發行歌曲的興趣。

▎ Musical.ly 的截圖。彩虹色清單列出流行的主題標籤，包括#當女孩聽見蜘蛛（#WhenGirlsHearSpider）和#你聞起來像頭驢（#YouSmellLikeDonkey）

到二○一六年，Musical.ly 的員工成長到五十多人，相當多的業務和發展團隊都在上海。朱駿接受媒體訪問時說，該公司的伺服器架構快要跟不上所有流量的需求。[160] 同年五月，這家新創公司取得另一輪資金，這次超過一億美元，公司估值超過五億美元。[161] 中國的科技業盛讚 Musical.ly 稱霸海外市場，從來沒有一家中國社交 app 在海外這麼成功。「Musical.ly 證明所謂的『文化差異』其實是紙老虎」，陽陸育以這樣充滿信心的話鼓勵中國其他新創事業。[162] 到十二月，這款 app 已累積一‧三億註冊使用者，每月活躍用戶四千萬，大部分在北美和歐洲。[163]

分析：從畫筆到畫布

「初期要成長，你要像畫筆一樣，意思是你的做法要很明確，把特定的需求處理得很好……之後你要成為畫布，在空白的畫布上讓各種顏色盡情揮灑。」[164] 朱駿用這個比喻解釋他如何看待 Musical.ly 的進展。

Musical.ly 透過對嘴流行起來，初步找到產品符合市場需求的點。平台接著降低手機內容創作的門檻，讓每個人都有潛力成為藝人。一開始的價值主張（value proposition）很簡單：這個 app 是一個工具，幫助看過《名人對嘴生死鬥》的人製作對嘴短影音。多數人都準備將新創作的影片張貼在其他平台，如 IG。

並不是只有 Musical.ly 會採取這種留住早期使用者的策略。舉例來說，YouTube 一開始是影片分享工具，讓人可以免費將影片嵌入網頁，在當時這是革命性的概念。IG 一開始的賣點在於濾鏡這項「殺手級功能」。人們發現只要在 IG 簡單按幾下，就可以讓照片看起來更專業。

做為實用工具讓 Musical.ly 得以踏出成功的第一步，有機會利用一開始的賣點發展出更大的事業。當這個工具累積了關鍵多數的內容和創作者，就會成為內容平台，滿足人們想要被動消費娛樂的欲望——把手機當作電視

看。累積關鍵數量的使用者後，接著就能培養使用者之間的連結，演化成社交平台，滿足人們創造連結與建立地位的欲望。這些價值會互相強化，內容成了互動與建立地位的起點。反過來說，透過 app 建立的社交連結又會帶動使用者回來消費更多內容。

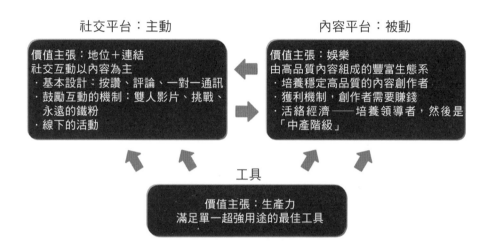

社交平台：主動
價值主張：地位＋連結
社交互動以內容為主
・基本設計：按讚、評論、一對一通訊
・鼓勵互動的機制：雙人影片、挑戰、永遠的鐵粉
・線下的活動

內容平台：被動
價值主張：娛樂
由高品質內容組成的豐富生態系
・培養穩定高品質的內容創作者
・獲利機制，創作者需要賺錢
・活絡經濟——培養領導者，然後是「中產階級」

工具
價值主張：生產力
滿足單一超強用途的最佳工具

▌從工具平台變成社交與內容平台的進程簡圖

但對很多平台而言，要將這兩個目標都做到很好很困難。舉例來說，YouTube 做為知識與娛樂的儲存庫表現絕佳，但在建立社交連結方面就相對較弱。YouTube 的社交功能（例如評論）較少，以致惡名昭彰地成了出言不遜、濫用言論自由的酸民和濫發廣告者的天堂。

Musical.ly 營運第一年，共同創辦人陽陸育在幕後花絮的影片中自信地對著鏡頭說：「我們的夢想是成為影片版的 IG。」[165] 兩位創辦人多次公開表示，他們一心要將 Musical.ly 營造成為社交平台。二〇一六年朱駿在上海的一場活動中宣告：「關鍵是社交圖譜（social graph）！」[166] 後來在討論中又說：「我們要讓內容變得愈來愈無聊。只要是和朋友聯絡，即使是

無聊的內容，對你的朋友還是很有吸引力。」

Musical.ly 一開始很成功地讓青少年建立連結與社群。但到了二〇一七年，Musical.ly 的成長遭遇瓶頸，很難突破這個年齡層，無法擺脫一個印象：這是純粹屬於青少年的平台。

經營團隊投注大量心力建立攝影效果、直播工具，以及幫助使用者與最喜歡的網紅培養連結的社交功能，包括「永遠的鐵粉」（best fan forever；BFF）和「問答」（Q&A）選項，全都大受歡迎。青少年和前青少年期的孩子熱愛分享、參與挑戰、彼此互動。兩位創辦人因而相信，平台未來的方向應該是以影片為基礎的社交網路，有些類似快手的定位──當時那是中國短影音 app 的龍頭。

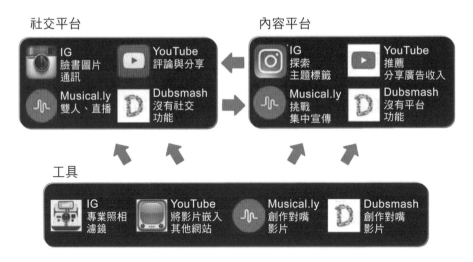

▌ 從工具平台進化到社交與內容平台的例子

Musical.ly 後來才意識到他們誤解了自己的產品。要解決成長停滯的問題，根本不在於增添功能或照相效果，最需要改變的是後端架構。美國人詹姆斯·維拉帝（James Veraldi）服務於上海 Musical.ly 的產品策略部

門，他指出：「透過使用者訪問以及更深入挖掘數據，我們發現 Musical. ly 不是社交網路，而是內容平台。」**多年來 Musical.ly 一直以為自己是下一個 IG，事實上它是下一個 YouTube。**

Musical.ly 必須更大力發揮被動娛樂的價值，才能不侷限於產品的早期採用者（已經很高度投入的青少年族群），釋放出全部的潛力。

Musical.ly 若要進一步擴展，會遭遇三大挑戰：定位、內容多樣化與技術。

定位：Musical.ly 確實有一些特色能完美吸引前青少年期的孩子——鮮豔的粉紅標誌，炫目的配色，流行的主題標籤（例如＃你聞起來像頭驢），十一歲網紅的精選影片等。但這些元素會讓其他很多族群反感。使用者這麼年輕也是一個問題，因為一段時間後創作者年紀漸長，可能不再受 Musical.ly 吸引，而會轉移到更知名的平台如 IG 或 YouTube。一個對地位念茲在茲的青少年，絕對不會想要成為同儕中最老的一個，還在社交媒體 app 上張貼內容給小孩子看。

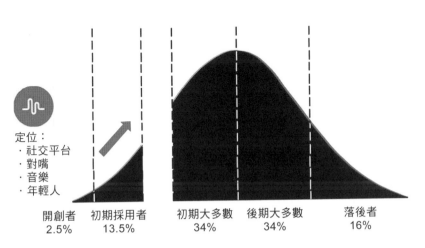

▌ Musical.ly 未能「跨越鴻溝」（cross the chasm），拉攏更年長、更主流的族群

Musical.ly 必須重新設計，改採更中立的定位，以便吸引較年長的族群。但這樣的改變是很大的賭注。品牌重塑（rebrand）若做得不好，很快就會讓人反感，引發使用者大量出走，且可能永遠拉不回來。

內容多樣化：兩位創辦人知道一定要擴展內容。朱駿接受資訊科技新聞網站 TechCrunch 訪問時說：「內容多樣化和用戶數多樣化對我們**超級超級**重要。Musical.ly 必須進化成為更普遍性的平台。」[167] Musical.ly 的多數內容只能吸引年輕人，以致無法過渡成為全方位的內容平台（如 YouTube），吸引更多族群。兩位創辦人試著鼓勵使用者創作非音樂類別的原創影片內容，如運動、時尚、化妝等。

技術：經營團隊實驗提供兩種新的選擇，一是只顯示來自使用者追蹤帳戶的影片，一是只顯示與使用者同一城市帳戶的影片。但多數人還是忽略這些選項，選擇預設的內容，亦即顯示系統的演算法所推薦的影片，問題是 Musical.ly 自認推薦的技術不夠先進。

二〇一七年陽陸育在上海騰訊媒體（Tencent Media）的活動中發表簡短的演講，說明他認為應如何運用技術來改善 Musical.ly 的內容傳遞機制。他的理論很能補充本書第三章的敘述。

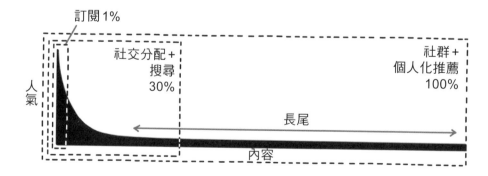

▌取材自陽陸育二〇一七年在騰訊媒體的活動中發表的演說[168]

陽陸育提出內容傳遞的三種模式。傳統模式完全仰賴訂閱機制，這是可行的，因為只需要確保前一％的優質內容能觸及消費者即可。第二種是社交網路模型，問題變成如何將最吸引人的前三〇％內容好好傳遞出去。這相當於推特運用的模式。最後一種是陽陸育想像中 Musical.ly 的未來：透過個人化推薦，將平台的長尾利基內容全部和適當的對象匹配。[169] 這個願景與共同創辦人朱駿的評論不謀而合：「Musical.ly 的流量模式必須變得愈來愈個人化，在這種情況下，父母的經驗將會與孩子的經驗完全不同。」

飛輪飛不起來

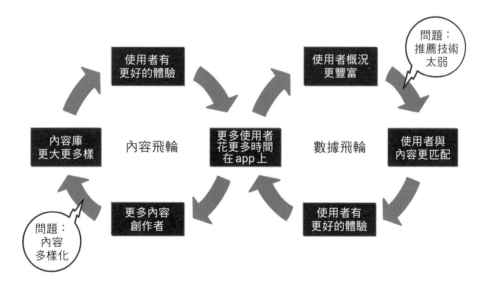

▌ Musical.ly 理應從兩種良性循環獲益，結果卻沒有

必須有更好的推薦技術才能提升個人化的功能，讓長尾的內容創作者累積粉絲，強化內容的多樣性，平台也才能吸引青少年以外的族群。Musical.ly 理應能透過內容與資料的累積，從兩種促進業務成長的良性循環獲益，事

實卻是兩者都成效不彰。

掌握更多使用者的行為數據並未促成更優質的推薦，因為 Musical.ly 的技術不夠好。更多內容也未能提升使用者的體驗，因為內容欠缺多樣性。喜歡舞蹈影片的人已經能看到很好看的內容，遠超過他們能消化的，提供更多舞蹈影片並無法提升使用者的體驗。

這家新創公司面臨「雞與蛋」的問題。因為所有的內容都是使用者自己創作，年長的使用者較少，也就比較少生產出適合這些人的內容。既然沒有觀眾，何必生產內容？這表示即使年長的使用者真的加入，也會很快離開。解決之道是擴展內容的類型，慢慢提高使用者的年齡。

產品策略主管維拉帝在後來的演講中說：「我們明白 IG 和 Snapchat 是由社交圖譜帶領，Musical.ly 則是走內容和創意路線，但這代表的是機會而**不是**阻礙。Musical.ly 要成為智慧手機世代的手機電視，就要拉高年齡層，為此我們必須擴展內容類型，並昭告天下。」

最後，回到 Mindie

陽陸育在一次訪問中被問到在美國和中國競爭的差異，他的論點非常精闢。

「在美國，你可以透過口耳相傳很有效率地行銷，因為競爭模式不一樣。在美國，如果你在一個領域做創新的事，你的競爭對手會嘗試創造差異化，因此你們是在競爭不同的特色。」

這正是他們和法國 Mindie 之間的狀況。當 Musical.ly 開始利用挑戰式影片帶動內容創作而做出成績，Mindie 不願意仿效。於是，兩種 app 朝不同的重點方向發展，Musical.ly 最後朝對嘴發展，Mindie 選擇把重心放在社媒故事創作（social storytelling），想出一套方法和 Snapchat 整合。Mindie 團隊回顧這個過程時很有風度，共同創辦人柯賓說：「Musical.ly

將我們一開始創造的東西優化和規模化，做得很好。」陽陸育接著概述他眼中本國市場的競爭方式。

「中國的狀況不一樣──如果你做對一件事，他們會追隨，**完全照抄**……這裡的人經營事業的邏輯很不一樣，認為只要拿錢砸下去，一定可以很快搶到市占，然後就可以把別人踢走……人們沒有耐心非常緩慢地成長。中國一切都發生得很快，所以人們都沒耐性了。」[170]

陽陸育指的是一種剛剛開始、更富挑戰性的新競爭。因為這時 Musical.ly 已發現他們捲入一場戰役，對手是更龐大得多、更可畏的──字節跳動。

第6章
Awesome.me

「你的產品太陽春。你要開這部破舊的老爺車上高度公路？」

——抖音早期使用者的反饋

▌最早的抖音團隊在推出1.0版之前合照

本章時間表

- 二〇一三年——字節跳動聘用「產品大師」張楠
- 二〇一五年七月——短影音 app 小咖秀短暫獲得成功
- 二〇一六年九月——字節跳動推出模仿 Musical.ly 的 A.me
- 二〇一六年十二月—— A.me 改名抖音
- 二〇一七年三月——第一支流行的抖音影片問世
- 二〇一七年九月——抖音的推薦系統升級
- 二〇一七年十月——中國黃金週假期中使用者參與度大增
- 二〇一八年一月——每日活躍使用者達三千萬
- 二〇一八年二月——《現世報》（*Karma's a Bi*ch*）迷因爆紅
- 二〇一八年十一月——每日活躍使用者達兩億

　　張一鳴站在台上，一個穿著黑衣的小小身影。他身後是兩面巨大的 LED 螢幕，至少四・五公尺高，橫向占據偌大的整個會議廳。[171] 在他前面，黑暗中坐滿了觀眾——來自內容製作公司、網紅管理公司的來賓、記者、網紅等共有數百人。天花板誇張地閃爍整片閃光燈，宛如搖滾音樂會場。

　　張一鳴並不是天生適合演講的人。工作人員說，只可惜他的中文口音很重，太拘謹，講話太溫和。[172] 過去兩年來他進步不少，張一鳴對自己的缺點一向的標準態度是：「只要投入足夠的學習和毅力，就能學好任何技能。」他的開場演講以道地的賈伯斯風格結束在最高潮，只多補充一句：「未來十二個月我們至少會用十億人民幣補貼短影音創作者。」

　　螢幕上以鮮紅字體亮出「十億」，讓張一鳴看起來比之前更小。觀眾正是為這個宣示而來。隨著字節跳動這樣的平台公司燒錢提供補貼，對影片創作者而言等於又是一個發薪日。

　　到二○一五年，中國所有的網路業者都知道，使用者關切的重心已轉向影片，平台迫切需要取得各種影片內容。問題是短影音製作者還未能找到穩定的商業模式：要拍出吸引人觀看的影片不難，但要維持舒適的生活不容易。各家平台都在爭奪眼球，要立即吸引內容製作者的最佳方法之一，就是直接付錢給他們。這個策略讓這個領域變成補貼的新戰場。業者狂砸幾十億人民幣誘引製作公司和有才華的創作者。

　　字節跳動進入戰場的時間相對較晚，已經有幾十種中國 app 推出消費影片的新方式，包括 Vine 和 Dubsmash 的本土改編版。美圖是中國最大的照相編修 app，旗下的短影音 app 美拍很受都會年輕人喜愛。市場領導者快手在較小的城市吸引了數千萬使用者。不論是專業熟練的製作公司、時尚超級網紅或在田野拍片的鄉村農夫，中國的短影音市場可以滿足每個人的需求。

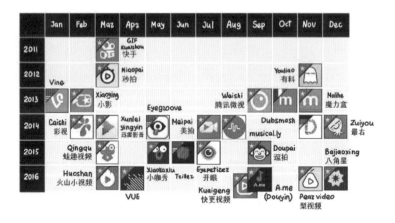

▌二○一一到二○一六年間推出的短影音app（並未完整列出）

　　字節跳動的旗艦 app 頭條已有提供短影音，使用者人數呈爆炸性成長。二○一六年第一季，活躍使用者平均每天花在該 app 的時間多達五十三分鐘，相當可觀。到同年第三季，更成長到驚人的每天七十六分鐘。這個成長

幅度一半以上來自短影音這一項。二〇一六年上半年，頭條的短影音消費每個月成長率高達三五％！[173] 經營團隊絕不可能再坐視不管，他們必須認真建立專門的短影音平台。

三路進攻

字節跳動決定加入競爭行列，進入短影音的「紅海」市場，下一個要面對的問題是：怎麼做？答案很簡單——模仿最優秀的業者。公司決定從多種管道攫住機會，第一步是模仿已經奏效的做法。

三路進擊策略包含：「西瓜影音」，[174] 模仿網路影片明顯的全球領導者 YouTube；「火山小視頻」，模仿當時中國短影音明顯的領導者快手。最後的一張鬼牌是 A.me，也就是後來的抖音，模仿以年輕人為對象的西方短影音市場領導者 Musical.ly。

字節跳動不想成立長影片的平台，類似網飛或 Hulu。這個市場在中國的競爭已經很激烈，由 BAT 巨擘支持的三大平台燒錢互搶市占。更重要的，這些平台的成功多半靠的是取得專屬的高預算專業內容。這無法發揮字節跳動在演算法推薦方面的優勢，但短影音就很符合公司既有的技術護城河。

在上述三種 app 裡，管理團隊對模仿 Musical.ly 的 A.me（後來改名抖音）的成功機會最不樂觀。Musical.ly 本身一度嘗試叩關中國市場失敗，在全球市場的成長也趨於平穩。在美國擁護 Musical.ly 的青少年族群在中國卻沒有多少閒暇時間，因為功課過多，課後又要補習。以對嘴為主的短影音 app 小咖秀是一個明顯例子，[175] 更讓管理團隊對 A.me 的發展感到懷疑。小咖秀二〇一五年推出時很轟動，但人氣很快消散，證明只是曇花一現。

很多人覺得這種以娛樂為主的短影音 app 不適合中國，A.me 得到的資源相對稀少，基本上被當作備胎。大筆預算都拿去推廣火山小視頻，因為這款 app 遵循本地已證明奏效的模式，與經營得有聲有色的快手直接打對台。

| 西瓜 | YouTube | 火山 | 快手 | A.me | Musical.ly |

▎ 構成字節跳動新短影音策略的三款app（西瓜、火山、A.me）及其模仿對象（YouTube、快手、Musical.ly）

　　模仿 Musical.ly 的 app 由張楠管理，她負責監督使用者創作內容（業界簡稱為 UGC）平台，三十多歲，短髮戴眼鏡，二〇一三年連同她的新創事業（網路圖片社群「圖吧」）[176] 一起被字節跳動收購。她是網路界老將，創立多種事業，曾經是兩家網路公司的創始員工。[177]

　　張楠以擅長培養社群聞名，這對 UGC 平台非常重要。這種經營模式與頭條很不一樣，頭條的使用者是被動消費，本身沒有創作。張楠監督頭條的多個平台，山寨 Musical.ly 只是其中之一。

青春無敵

　　蕭安（音譯，Xiao'an）很緊張——她正在字節跳動總公司面試。她是大學應屆畢業生，期待第一份真正的工作能加入字節跳動。她先前在字節跳動實習過一個暑假，上星期，一個當時的老同事蕭維（音譯，Xiao'wei）傳訊息給她：「我在做一個新的案子，要不要來看看？」此刻蕭安就坐在應

徵室，再一次露出有些不自在的笑容，盡可能不要顯露出緊張。

　　面試官傾前給她看手機畫面。「你要加入的團隊要做一種新的 app，這是測試版。」蕭安禮貌笑笑，低頭看手機，螢幕立刻跳出一支影片。她心想：「這到底是什麼？從來**沒看過**。」影片占據整個螢幕，會自動循環播放。「按讚」和「分享」鍵疊在影片上端。她心想：「這個 app 好奇怪。」

　　面試官問：「你覺得怎樣？」她唯一能想到的禮貌回答是：「噢，滿有趣的。」

　　蕭維接著安排她到距離辦公室不遠，知春路上一間熱鬧的烤肉餐廳和團隊成員見面。夏天吃晚餐的人總會湧到街上，嘈雜而熱鬧。辛苦工作了一天，人們互相碰杯敬酒。這時大夥喝著冰涼的瓶裝啤酒配多汁的肉串，同事介紹蕭安和 A.me 團隊認識。

　　張緯是產品經理，雙臂刺青，喜歡極限運動，每個週末都會到郊區騎摩托車。李建（音譯，Li Jian）是大三學生，蕭維會發掘他，是因為在直播 app 上看到他彈吉他。李建從來沒在網路業工作過。

　　蕭安記得她和未來的同事見面的第一印象是：「哇，這個團隊好年輕，一定很好玩。」團隊成員都沒什麼經驗，但有某種東西吸引她加入這個團體。

　　字節跳動的員工這時已超過二千人，A.me 團隊不到十人，集中在總部二樓一個小區域，運作方式有點像是大型組織內部的小型新創事業。這款 app 正式登記在另一家北京微播視界科技有限公司底下，由張一鳴大學時期的老室友梁汝波管理。

　　團隊中沒有人真的有多少從無到有設計出一款 app 的經驗。他們找來大約十位工程師，花一週的時間做出 app 的測試版，就是蕭安面試時看到的。做得亂七八糟，有很多程式錯誤，設計團隊和工程團隊的溝通不良，讓人充滿挫折感。設計師覺得版面編排再清楚不過，卻得明確標示才能讓工程部門做出他們希望的樣子。二十四歲的設計師季明（音譯，Ji Ming）回憶：

「我每天那麼努力做出來的東西卻讓人很不滿意，感覺糟透了。」

　　為了改善使用者經驗，團隊邀請附近的中學生到公司聊聊，詳細討論他們喜歡的 app 類型和喜歡的原因。季明發現，那些學生只能依據市場上現有的 app 做出評斷，很難想像不曾體驗過的東西。這讓團隊想到賈伯斯的名言：「很多時候人們不知道自己要什麼，要等到你拿給他們看才會知道。」

A.ME

　　到九月底，該團隊已準備好了。新 app 的第一版以「A.me ——音樂短影音」的名稱低調上市，沒有引起業界多少注意。[178]

　　這是 app 的敘述：「A.me 是分享與拍攝音樂短影音的流行平台。讓你盡情沉浸在音樂的情感裡，隨時隨地展現自信和個性。在這裡每一刻展現的都是你，只有你！」A 代表「Awesome」（超讚），app 的標誌是獨特的黑色背景襯托一個紅色的音符。

　　app 推出後並沒有真的引起轟動。團隊每天早上都會收到自動傳送的電郵，列出最新的活躍使用者人數。營運了一段時間後，他們決定拿掉內部員工建立的所有帳戶，以便更精確了解 app 的表現。活躍使用者人數隔天就掉了一半。

　　蕭安記得：「感覺很沒希望，我每天都不知道怎麼辦……app 太沒有特色了。」她對產品本身沒有信心，必須去拜託小網紅在 app 上張貼內容，這讓她很尷尬。

　　獲邀到該平台的早期使用者之一是沒沒無聞的創作者薛老師（音譯，Xue Lao'shi），一個在加拿大讀書的中國學生。試過該 app 後，剛開始他拒絕接受邀請。他抱怨：「你們的產品太陽春，真的要開這部破舊的老爺車上高速公路？」

▌用於宣傳A.me 1.0的app商店展示圖[179]

　　他們決定不找已經有名的網紅，而是找來大約二十名 A.me 官方贊助的「創作者」，都是從其他平台（包括 Musical.ly）挖過來的。目標是運用他們的作品提供靈感，教導其他早期使用者創作影片。

　　就像 Musical.ly 在美國一樣，一些很年幼的小學生中學生被吸引去使用 app。最早的一些官方挑戰就是以這個年齡層為對象。但這裡的文化與生態都與 Musical.ly 不同，這些孩子能創作的內容很有限。

　　對團隊來說，沒有使用者上傳有趣的影片是很大的問題。但若無法證明這款 app 能保留少量的使用者，然後逐步擴充，就絕無法獲得母公司的真正支持。在目前的狀態下大力宣傳 app，無異把水倒入底部漏了大洞的水桶。

▍ A.me 最初的十二位種子影片創作者，穿著印有 A.me 的運動衫

▍ A.me 很早期舉辦過一些官方挑戰，本圖是部分程式內廣告，目標群是前青少年期的少女 180

解決之道：把他們當作王室來尊寵

團隊所做的第一件事是把現有少數的人氣創作者當作王室一樣尊寵。營運團隊每天和他們個別聊天，認真聽他們的構想，讓他們覺得是在參與平台的成長，塑造平台的方向。如果一個北京的使用者遭遇問題，不容易在線上

解釋，團隊會邀請他們到字節跳動的公司餐廳免費用餐，一邊聊聊。

就像 Musical.ly，團隊運用主題式挑戰建立社群，積極鼓勵使用者參考彼此的創作加以變化，以分享的迷因為基礎繼續發揮。使用者可以發起自己的挑戰，如此可幫助團隊了解人們偏好哪一類內容，引導他們參與官方的挑戰。最早的官方挑戰很多都不是源自團隊，而是和初期的影片創作者聊天時得到的點子。他們會以禮物獎勵最佳影片創作者，例如攝影機、名人商品、零食，這是讓人們感覺自己很特別的另一種方式。app 內部會為最好的內容創作者排名，「最高人氣排名」「最活躍排名」「每週新進片排名」等——有助於培養社群感。

A.me 採取的策略屬於「營運」的一環，重度仰賴營運來追求成長是中國網路界的一大特色。在西方的科技公司，獲取使用者的責任通常落在行銷、銷售或成長團隊，多半利用高度可擴充的數據與技術導向的方法。除了這些既有的技巧，中國公司也偏好採取人力密集的方法來宣傳與推動平台的成長，例如花錢請名人代言，買媒體曝光，在其他平台操作推廣帳戶（promotional accounts），舉辦定期競賽與節慶促銷等。營運團隊通常整天都忙著和外部利益相關人士維持關係，包括使用者、創作者、宣傳夥伴等。

便宜的人力成本讓營運策略更可行，但主要的因素是網路環境——中國數位行銷的基礎建設落後西方國家。這個環境已變成「有錢才玩得起」的封閉生態，搜尋引擎優化之類行之有年的做法基本上難以發揮效果。

A.me 甚至為個別創作者指派帳戶管理人，他們會竭盡所能取悅創作者，甚至會請吃飯、幫寫作業、處理感情問題。團隊的工作站旁有一個大箱子，裝滿各種拍攝影片的道具，舉凡假髮、眼鏡、好玩的標語牌都有。當一個早期使用者慶生時，營運團隊會為他拍攝專屬的影片。聖誕節時，一位團隊實習生甚至特別去申請信用卡，以便在亞馬遜為薛老師——那個一開始拒絕加入的加拿大學生——訂購聖誕樹。

漫長的冷開機階段——是否該退出了

中國的網路業是殘酷的戰場，沒有多少空間讓人感傷，每天都有表現不佳的產品不當一回事地被關閉和遺忘。抖音基本上是被當作內部新創團隊在營運，以這類專案來說，失敗通常是意料中事。

由於 A.me 剛開始表現不佳，負責的團隊就算被關閉也沒人會覺得奇怪。字節跳動的高階主管陳林說：「我們主要是看數據決定要不要關閉一個專案，但領導者也要運用自己的判斷。」[181] 領導者必須判斷數據**為什麼**不好。

是因為市場區隔（market segment）比原先以為的更小？還是他們誤判了人們的需求？或只是執行效能不佳？也許字節跳動的公司 DNA 無法做出適合這類年輕族群的產品？這些在初期幾個月都是合理的懷疑。

最後張一鳴這樣推論：「邏輯上正確的就一定是對的。其他人已證實（這條路可行），我們的數據不好是因為我們自己做得不夠好。」[182]

A.me 早期表現不佳的很多問題都在逐步解決中。app 本身的設計不太好，有很多程式錯誤，功能很陽春，這些大抵都已修正。一開始的定位不明確，想要同時吸引前青少年期的孩子、青少年和二十出頭的人，透過改名和品牌重塑，便能專注在更精準的目標族群——時髦的都會年輕人。

重新設計

A.me 特有的暗色調很受歡迎，[183] 但 A.me 這個名字對中國人不夠直覺，需要品牌重塑。使用這款 app 的最重要元素是音樂，創作者和觀眾都會不自覺跟著音樂舞動身體，一個團隊成員從這個概念得到靈感，創造出抖音這個名稱。

抖譯成英文可以是「搖晃」「抖動」「顫動」。

音可以理解為「聲音」「音樂」「音符」。

他們考慮了幾百個名稱，最後選出最受歡迎的「抖音」。接著需要一個標誌。

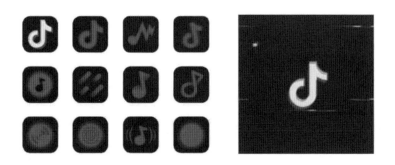

▌ 抖音和TikTok使用的標誌現在已經成了經典，本圖為原始設計概念

　　負責重新設計的年輕設計師有一次參加搖滾音樂會，環繞式的黑暗舞台以一道道轉動的彩色光柱照亮，讓他腦中靈光乍現。受到現場表演的迷幻視覺效果感動，他決定要創造一種可以表現出搖滾音樂會幸福氛圍的意象，想到也許可以利用 ♪ 做標誌。之後他嘗試以各種濾鏡呈現圖示，最後選定所謂的故障效果（glitch effect）。這個風格讓人想到舊電視訊號太弱時的靜電干擾雜訊，整體印象完美傳達擺動的感覺。音符本身修改成包含字母「d」，代表 app 名稱抖音的第一個字母。這個標誌精確吻合團隊對產品的期望，與眾不同、富創意、一眼就能辨識。

　　只可惜未來的願景仍然與 app 的現況有很大差距。數據不會說謊——前半年的營運數據很不怎麼樣。

抖音式建國

　　成功重塑品牌再加上有了更大筆的預算，抖音這時的市場定位向上提升，成為時尚都會年輕菁英的流行 app 。但要成功轉型，團隊必須正面解

決最大的問題——缺乏高品質的年輕內容生產者。

答案在大學藝術系的學生。抖音團隊深入全國的藝術學校，尋找上鏡頭的學生使用他們的 app。團隊總共說服了數百人加入，承諾會幫助他們成為網路名人。這一招證明很有效。大量增加使用者有助於建立原創內容庫，營造出又酷又時尚的 app 風格。

營運團隊接著開始操控影片的能見度，讓公司希望培養的那種流行內容能獲得鼓勵。影片若不符合社群的調性與價值，便很難曝光。

抖音動員所有的工作人員從競爭對手挖角創作者。他們到中國各大社交媒體平台尋找適合的人才，甚至包括 Musical.ly 的海外華人使用者，一個一個發訊息給他們。為了加速這個過程，他們還開始和「多頻道聯播網」（multi-channel networks；MCNs）合作，這是早年在 YouTube 出現的一種組織，相當於創作者的權益代表與專業管理者。

同時團隊積極在其他短影音與社交媒體平台設立帳戶，張貼有浮水印的抖音影片。就和 Musical.ly 一樣，浮水印是關鍵，很像迷你廣告，因為對影片感興趣的人會看到浮水印，在 app 商店搜尋那個名稱。後來的浮水印另外添加影片創作者的獨特使用者 ID，就在閃爍的抖音標誌旁。這個很重要的小改變進一步鼓勵人們在其他平台分享影片，如此可讓創作者將觀眾帶回自己的帳戶，增加粉絲數量。

營運團隊會不斷檢視平台，看看有哪些內容可以放在別的平台宣傳。到二月時，他們看到抖音可能要紅起來的第一個徵象——起源於抖音的舞蹈迷因「搓澡舞」[184]開始自然散播到其他許多平台。

三月，另一支影片引起團隊的注意。那是模仿知名喜劇演員岳雲鵬的神奇表演，無論長相風格都極相似。團隊不斷到那位名人的官方社交媒體帳戶發訊息，堅持到最後終於引起他的注意，岳雲鵬分享模仿影片給數百萬追蹤者。那支影片上面有閃亮的抖音標誌浮水印，收到超過八萬個讚，五千多次

轉傳。抖音的百度指數（相當於中國的谷歌趨勢）隔天便大幅上揚。

我不夠酷，不能用這個app

抖音繼續加碼將品牌定位為酷中之酷的 app。首先是二〇一七年初夏的電影院廣告活動，三十秒的快節奏超狂廣告中，[185] 可以看到瘋狂搖晃攝影鏡頭的效果，搭配震耳欲聾的電子樂節拍。業界一位專業人士描述看到這則廣告的感受是「炫目」，又補充說「但這產品太酷了，酷到不適合我」。[186]

▋ 二〇一七年抖音的廣告描繪蒙娜麗莎戴眼鏡，還有狀似林肯的人在抽大麻煙捲

除了在電影院打廣告，另外搭配網路宣傳活動，採用簡短好玩的互動廣告，描繪歷史上著名的人物，如蒙娜麗莎和林肯也使用抖音。廣告做得很好，有趣富創意，在中國各社交媒體爆紅，引發好奇心，也成功建立品牌知名度。

那年夏天抖音取得新才藝秀《中國有嘻哈》的贊助合約。[187] 該節目有大牌名人背書，在中國都會年輕人之間一下子熱門起來。一部分受到那個節目影響，嘻哈文化風靡一時。而中國年輕人若要創作自己的饒舌、霹靂舞、

節奏口技和街舞影片，抖音是最完美的工具。參加競賽的女孩 VaVa（有時被稱為「中國的蕾哈娜」）說：「喜歡嘻哈的人都在抖音。」[188]

有些類似《名人對嘴生死鬥》在美國市場為 Musical.ly 打下江山，《中國有嘻哈》一類節目以及對手節目《這！就是街舞》將抖音推向中國青年文化的最前沿。

抖音知道中國年輕人對展現在網路上的個人形象很敏感，特別成立專門的工程團隊，設計最頂級的美化濾鏡和特效。如此便降低了內容創作的門檻，讓使用者更有自信不需化妝就可拍攝。

九月，字節跳動獲得二十億美元的資金，公司估值達二百二十億美元。這筆資金確保抖音有穩定的金援可以支撐已經很豪奢的宣傳活動，這時的宣傳進入第二階段——線下的活動。

群眾為張一鳴瘋狂

數百名穿著時髦的年輕人抵達北京時尚設計廣場（751 D.PARK），北京東北方的這片工業廠房重新開發成為時髦的文化展演場地。他們戴著棒球帽，穿著顏色鮮豔的衣服，寬鬆的嘻哈風服飾，腳穿限量版球鞋。這個場地變成很像是才藝比賽《美國偶像》（*American Idol*）的舞台，共兩層樓，配備閃光燈、高音量音樂和時髦背景。這是限定參加的派對——三百名表現最好的抖音創作者齊聚慶祝抖音滿一週年。

這些網路明星被捧為「新世代的網路名人」，[189] 他們到這裡不只是社交和找樂子。每個網紅都知道這是一場未言明的競賽，要做出這一晚的最佳內容。他們全都在爭奪更亮的明星光環，作戰的武器就是短影音。

互相認識的網紅聚成小團體，由助理不厭其煩地以十五秒的影片捕捉他們精心練就的表演。單槍匹馬的人在舞池遊走，專心找尋最適合自拍對嘴影片的燈光。較沒有名氣的網紅緊張地靠近較有名的，提議一起錄一段舞，希

望能利用同儕的人氣。背景持續播放超大聲的嘻哈樂，創作者忙著修飾剛剛拍攝的影片。編輯完畢後便將作品上傳，焦慮地等待app的演算法評斷誰能抓住更多眼球。

　　舞蹈團隊上台展示舞技，群眾前後擺頭，嘻哈歌手努力以極具創意的歌詞讓人留下深刻印象。[190] 之後主持人正在頒獎時突然被打斷，人群後面一陣騷動。

▍ **張一鳴和張利東出現在二〇一七年九月慶祝抖音滿一週年的宣傳大會** [191]

　　來者是張一鳴。戴著黑色棒球帽，身穿灰色運動衫，伴隨進場的是張利東。群眾陷入瘋狂──執行長竟然無預警蒞臨！立刻有許多人湧上來要求一起拍照拍影片。他周遭的人瘋狂歡呼喊叫，這位三十四歲的企業家卻只是微笑，雙手平靜放在兩側，在超時髦、多數是嘻哈青少年的人群中，格外看得出是個靦腆的工程師類型。

　　張一鳴看數據已經知道抖音建立了強大的社群，發展動能很強，即將有不平凡的表現──但這是更具體的證明。

人氣大爆發

十月一日開始進入中國為期七天的國定假期「黃金週」，這段時期是中國網路業的大好機會。人們的行為在這一星期裡會變得不一樣，很多人有更多時間娛樂和嘗試新事物。

十月，抖音每日使用者從七百萬增加一倍成為一千四百萬，兩個月後達三千萬。這三個月裡，三十天保留率從八％大增至超過二〇％，平均花在app上的時間從二十分鐘暴增到四十分鐘。[192] 彷彿突然有人幫抖音添加了某種神奇的火箭燃料，推升每一項關鍵指標。究竟是什麼改變了？

答案是朱文佳。朱文佳是二〇一五年從百度挖角過來的，一般認為在演算法技術方面是整個公司最頂尖的三個人之一。[193] 他帶領字節跳動最優秀的工程團隊，才剛被指派負責抖音不久。這個團隊要讓內容推薦的後端技術充分發揮功力，直接的結果就是創造了十月的驚人成績。

指標愈好，公司便會投入愈多的資源給抖音，因為它現在已有很好的保留率，正快速成為具有策略重要性的產品。突然間公司上下都在提供支援——人力、資金、使用者流量、名人代言、品牌合作，以及最重要的，充分整合與優化字節跳動強大的推薦引擎。粉絲眾多的中國明星如楊冪、鹿晗、吳亦凡、Angelababy 都開立帳戶，加入宣傳活動，全國性的巡迴「抖音派對」活動也在籌備中。抖音成了中國最熱門的新 app。

字節跳動擴大投資（包括抖音在內的）三種短影音產品，投入更多的人力、資源和廣告預算，此所以一位熟知內幕的業界人士後來說：「抖音的突然崛起並不是平白無故的。張一鳴砸錢比誰砸的都多，挖人也敢挖最牛的人。」[194]

Airbnb、哈爾濱啤酒、雪佛蘭是最早付費打品牌廣告的三家公司，也是抖音商業化的開始。抖音的廣告業務不久將快速成長。字節跳動已經有數

百名銷售與行銷人員，沒多久，訂定銷售業績的目標時，就可以將抖音的廣告庫存（advertisement inventory）也列入。

　　張一鳴後來受訪時透露，公司規定管理團隊每個人都要製作自己的抖音影片，且要獲得一定數量的讚，否則就要受罰，例如做伏地挺身。光是看表格和資料還不夠，管理團隊必須從創作者的角度了解短影音。張一鳴看抖音影片很久了，但他承認，創作自己的影片「對我是跨出一大步」。[195]

▍ 張一鳴的個人抖音帳戶（3277469）。寫作本書時，他總共發布了十七支影片，包括全球旅行的短影音 [196]

「吶……現世報」

　　影片一開頭是個年輕女子在打呵欠，穿著睡衣，剛醒來的頭髮亂七八糟，戴眼鏡，看起來沒化妝，隨意地對嘴一句「吶……現世報」，將一條絲巾拋到空中。突然爆出巨大的背景音樂。一瞬間她變成亮麗迷人的時裝模特兒，幾乎認不出是前一秒的那個人。一個新的迷因占領抖音。[197]

　　「現世報」是原本「勿以貌取人」挑戰的新版本，後者三年前將

Musical.ly 推升到美國 app 商店的榜首。這則迷因是抖音的另一個突破點，人們很愛看那驚人的轉變。網路開始出現迷因影片的合輯。有些女人的化妝技巧尤其讓很多男人感到不可置信。「現世報」對主流文化產生很大影響，獲得廣泛的肯定和宣傳，漣漪甚至擴及以英語為主的全球媒體。[198]

　　抖音也愈來愈能發揮推波助瀾的作用，讓超洗腦歌曲更增人氣。二〇一七年末，歌曲〈C 哩 C 哩〉在抖音爆紅，洗腦曲風深具感染力。但這首歌會變成迷因並大紅大紫，是因為以新穎的舞步搭配最好聽的那一段。[199]

　　這首歌其實是二〇一三年羅馬尼亞專唱雷鬼歌跳雷鬼舞（dancehall）的藝人 Matteo 唱的，歌名是〈巴拿馬〉（Panama）。推出四年後，歌曲意外人氣暴漲，促使原唱為了打鐵趁熱火速安排亞洲巡迴表演。YouTube 有一支影片[200] 可以看到他在杭州機場和中國粉絲見面，粉絲在入境大廳表演舞步給他看。但因舞步完全是在中國創作的，那位歌手一臉困惑尷尬，歌是他唱紅的，搭配的舞步他卻不會跳。

　　該平台對社會的影響力愈來愈大，最可靠的指標也許是抖音這個名稱進入日常用語，變成短影音的同義詞。如果你說：「我們來拍抖音！」不用解釋大家都懂。

大撒幣

　　字節跳動知道他們已掌握贏的方程式。保留率很好，口耳相傳的效果極佳，充滿活力的龐大創作者社群已培養起來。推薦引擎確實能有效凸顯最優質的內容。抖音的火已經燒起來，現在是到了該加油添柴的時候了，也就是**花錢花錢花錢**。

　　中國新年假期週是年度推廣 app 的另一個獨特機會。幾億人返鄉和家人團聚，有很多時間放鬆。抖音這樣的娛樂 app 是打發時間的完美方式，家人之間很自然會口耳相傳。

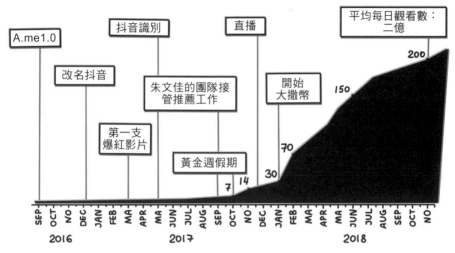

——每日活躍用戶（DAV）百萬計

抖音開始營運兩年間，每日活躍使用者從零成長到二億的進展圖

　　為了加強推廣，抖音直接發錢給使用者，推出中國新年發「紅包」活動。使用者可以在特別的影片中按數位「紅包圖」，就可獲得小額現金。字節跳動火力全開大撒幣，為獲取使用者，在各大線上通路購買廣告和宣傳，一天大約花四百萬人民幣[201]（超過五十萬美元）。這些努力聯合起來將抖音推升到中國 app 商店榜首。報導指出，在二、三月的中國新年期間，抖音每日使用者人數從大約四千萬大增至七千萬，一些人氣最高帳戶的追蹤數暴增三倍之多。

　　這樣的成績自然讓字節跳動大膽加碼抖音，將每日推廣預算上調到二千萬人民幣（二百八十萬美元），凡是願意拿錢的通路都去購買流量。到四月，每日使用者超過一億。

　　使用者人數夠多後，抖音開始引起數位行銷商的注意，認為抖音已經和微信及微博一樣，是品牌「必備」的社交媒體平台。「兩雄並峙」變成「三

足鼎立」。[202] 字節跳動已透過頭條龐大的媒體與廣告平台，和中國所有的大型專業媒體、行銷公司和品牌廣泛建立關係，這時開始積極鼓勵每個人創作影片，並將預算撥給抖音。

　　二〇一八年剩餘的時間裡，抖音持續強勢成長並打入主流，在整個社會愈來愈受歡迎。

抖音為什麼出頭？成功的因素

　　抖音一開始是模仿 Musical.ly ——直立的全螢幕十五秒短影音，以音樂為主，向上滑動可發掘新影片。自二〇一三年 Mindie 初版在巴黎地下室誕生，這樣的核心經驗並沒有改變。但 Musical.ly 和抖音最後的結果截然不同，讓人不禁要問：是什麼因素讓抖音成功，Musical.ly 卻失敗？

1. 基礎建設

　　首先，我們必須承認，不論字節跳動做了什麼或沒做什麼，光是比 Musical.ly 晚三年推出，就讓抖音享有更有利的成功條件。到二〇一七年，快速、平價、穩定、無所不在的 4G 網路已普及中國各地。唯有當網路基礎建設普遍到位，像抖音這種以影片為主的手機 app 才能被主流採用。當影片能便宜快速地上傳下載，就能創作影片後立即觀賞。到二〇一七年，上網費已變得較平價，人們因而願意每天在地鐵通勤時或在超市排隊結帳時，上網觀看直播影片，幾年前這根本是想都沒想到的事。

　　此外，其他的支援技術也成熟到一定的程度，能夠大大提升使用者的經驗。張楠在一場演講中 [203] 探討抖音的崛起，強調四項因素——全螢幕高解析度、音樂、特效濾鏡與個人化推薦。整體而言智慧手機的螢幕變得更大，解析度更高，大幅改善觀看影片的經驗。臉部辨識和擴增實境效果已愈來愈普遍，讓人可以做出更吸引人更好玩的特效與過濾。影像辨識和電腦視覺都

有相當大的進步，大幅降低人力審核不當內容的必要，欠缺元數據的影片也可以分類。最重要的是，字節跳動很在行的大數據和推薦技術有很大的進步，這一點很自然地促成第二個理由。

2. 母公司的支援

表面上，抖音在初期發展階段與字節跳動的關係，很像「IG 和臉書」或「微信和騰訊」，亦即在規模大很多的穩定組織裡，存在一個靈巧的小型新創事業。初期沒有獲利的壓力，又不必分神爭取新的資金，他們可以完全專注追求成長，做出最好的產品。抖音的業務仍獨立於母公司，同時卻又能取得非常有利於發展的專業技術、資金、基礎設施，這些是多數新創事業夢寐以求的。

但因為字節跳動的獨特組織方式，抖音獲得的支援無疑比 IG 或微信等知名的例子更有利。抖音（以及後來的 TikTok）有創始團隊，但沒有傳統意義上實際的「創辦人」。那是因為抖音不同於西方多數大型社交媒體平台，其成功並不是源自某個人的願景，而是源自組織內部有系統的實驗過程。

抖音原是字節跳動最初三管齊下開拓短影音市場的策略專案，他們看到三種已經證明成功的模式：YouTube、快手、Musical.ly，決定建立自己的類似版本。三種 app 都可以利用公司現有的技術堆疊（technology stack）和大數據——其中最關鍵的是推薦引擎和現有的使用者概況和興趣圖譜。

套用字節跳動 AI 實驗室主管的話——字節跳動的「強大武器」[204] 是內容推薦引擎，以及既有的數百萬使用者概況和興趣圖譜的資料庫。字節跳動最重要的內容 app 共享同樣的後端技術堆疊和使用者概況。好比一篇文章在字節跳動的一款 app 被閱讀被按讚，便會直接影響另一款 app 的內容推薦。

① 使用者在
app A與
內容互動

② 使用者
概況變得
更豐富

③ 使用者在app B
得到更個人化
的內容

中央化的使用者概況

興趣圖譜
推薦引擎

▌ 使用者在 app A 與內容的互動會促成在 app B 看到更個人化的內容

　　張一鳴在一次受訪時解釋：「我們每個人在後台都有一個興趣圖譜，普通用戶是看不到的。比如我感興趣的明星，我最關心的十家公司等等。」[205]

　　短影音就像動態消息一樣，非常適合透過這個流程經營。使用者通常每分鐘會點擊或滑動螢幕很多次，每次互動都多透露一點使用者的偏好，使其興趣圖譜變得更豐富一些。反之，長影片提供的資料少很多，因為人們可以觀看一集四十五分鐘的劇，一次都沒有碰觸螢幕。

　　字節跳動主管認為公司起步已經比別人晚，更必須認真打入短影音市場。不僅因為影片明顯是未來的趨勢，字節跳動尤其是最有機會在短影音市場獲益的中國企業。

　　一旦字節跳動的短影音平台能挺過漫長的冷開機時期，初步被使用者接受，接著就只需要評估哪一款表現最好，適當地分配資源和支援就可以了。要了解字節跳動為何成功，這個「app 工廠」模式是很重要的關鍵。純粹以內容為主的平台很容易人氣下滑，不再流行。人們看膩了娛樂 app 後通常就

會刪除，升級裝置時可能會忘了重新安裝回來，也不會有什麼影響。經常推出與測試新產品可以有效降低這個風險，字節跳動已做好不斷自我改造的準備。

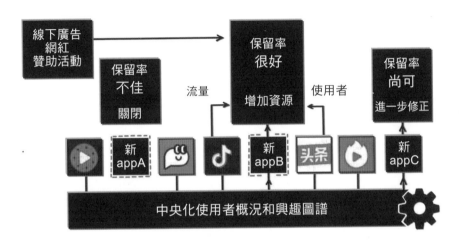

▍每一款新的app都能受益於共享的技術堆疊，公司會依據app的表現分配資源

　　這種設計多種 app 然後測試何者受歡迎的實驗法，可溯及張一鳴早期的新創事業——九九房，當時設計了五款 app，全都是以房產為主。多年來張一鳴和他的團隊已大幅改良這個流程。他們會依據明確的指標分配資源，如果一款 app 顯示強大的互動率和保留率，就會進一步提供資源來提升績效。

　　經過漫長的冷開機階段，抖音終於出現樂觀的量化數據。預算、工程人才、流量、名人背書、管理高層的關注等自然全都匯集到有效的成長方式。這套模式的另一個特點是大膽。如果一種產品出現成長的動能——如同抖音顯然就是——張一鳴會果斷授權，提供龐大的預算來加速這個過程。短影音

的情況尤其如此，由於起步較晚，張一鳴知道時間對他們不利。

3. 推薦的威力

先前 Musical.ly 誤信他們的 app 主要是社交網路，浪費了很多時間和心力。抖音不同，公司的文化與技術堆疊都與這個格式的真實價值相符——也就是內容平台。在一個以內容為主的社群，內容比人更重要。抖音等於是在手機時代重現電視娛樂，而不是以影片為主的新臉書。

即使是小帳戶做出的高品質影片，字節跳動也有強大的系統可以找出來，傳遞給廣大的觀眾。抖音以及後來的 TikTok 有一個很重要的吸引力，就是讓平凡的人有機會出名。一個農人可以在中國最偏遠地區的小農舍拍影片，也有機會因為她的才能在抖音一夕成功。如同美國一位知名創投業者後來談到 TikTok 時所說的：

「就像《美國偶像》或《美國達人秀》的數位版，只要有人懷著夢想要展現才華……不論是極限運動、喜劇、歌唱、音樂……即使今天沒人追蹤，只要創作出了不起的作品放在平台上，他們就有機會被發掘。」[206]

好處是每個人都覺得有機會，壞處是流量的分配難以預料，變化莫測。有些「網紅」的帳戶雖有兩三支火紅的影片，但之前拍過一大堆互動率平庸、很不出眾的影片，這種情況並不少見。

4. 定位——「記錄美好生活」

抖音在二〇一六、二〇一七、二〇一八年分別有三種大不相同的定位。這款 app 及其內容生態的演化極快速，二〇一六年末的 A.me 根本看不出和二〇一八年初的抖音是同一款 app。

從一開始，A.me 的定位就是模仿 Musical.ly，對象鎖定前青少年期的小孩子到二十出頭的女性。到二〇一七年夏天，抖音成了酷中之酷的

app ——主要對象是引領潮流的年輕藝術科系學生和嘻哈偶像。二〇一八年初又發生重大改變。

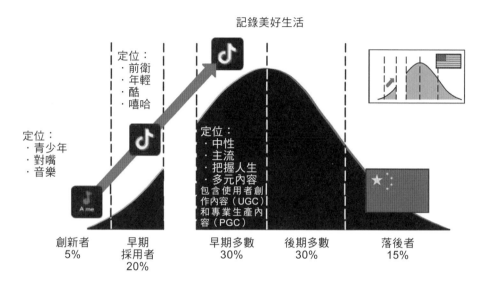

記錄美好生活

定位：
· 前衛
· 年輕
· 酷
· 嘻哈

定位：
· 青少年
· 對嘴
· 音樂

定位：
· 中性
· 主流
· 把握人生
· 多元內容
包含使用者創作內容（UGC）
和專業生產內容（PGC）

創新者
5%

早期
採用者
20%

早期多數
30%

後期多數
30%

落後者
15%

▌隨著抖音打入不同的市場，其定位也跟著改變。Musical.ly 在西方市場未能做到這一點

　　字節跳動擬定精心規畫、系統化的策略，將平台的內容擴及各種中尾與長尾的利基市場：旅遊、美食、時尚、運動、遊戲、寵物等等，各大類別都有豐富多元的內容可以滿足每一種品味。原本的宣傳方式是簽下吸引年輕人的大牌名人，這時變成趕緊加速內容的多樣化，建立更容易被大眾市場接受的平台。抖音原本的口號是「讓崇拜從這裡開始——專注新生代的音樂短影音社群」。[207] 三月初，更新為更簡單中性的「記錄美好生活」。

　　張一鳴有一次對公司同仁談話時說：「想像全螢幕的影片讓手機變成一扇窗戶，使用者透過窗戶看到一個豐富的世界。抖音就是如此。」[208]

　　定位為音樂影片 app 非常有助於吸引年輕的初期採用者。Musical.

ly、抖音、TikTok 都是強大的音樂發現平台,追本溯源與 Mindie 團隊最早的領悟有關——**影片加上音樂就像圖片加上濾鏡**。但若要拉攏中年辦公室員工或年長者,凸顯熱門的新歌就不是那麼有用。定位為音樂平台會造成消費者的混淆,不知道你提供的真正價值並不是音樂,而是一般娛樂。

要讓 app 更可親,定位的這個改變是必要的,同時也是對北京政府的鎮壓做出反應。二〇一八年初,字節跳動違反網路規定,被指控未能正確規範平台上的內容,遭到嚴厲的糾正。數萬支影片和帳戶被移除,公司隨即設置反沉迷系統及其他措施。

這並未阻止網路行銷商湧入該平台。很快的愈來愈多行銷商一致認定,抖音是必須抓住的商機。從眾心理發揮了作用,大家的想法都一樣——必須趁著競爭還不是很激烈的時候,趕快跳進去培養追蹤者。

抖音成為金雞母

事實證明在抖音打廣告對商家很有利,因為抖音採用的定向系統(targeting system)係利用多年來在頭條經營廣告的經驗。全螢幕自動播放的廣告片可以在一般的影片之間定時插入,只以小小的通知標示「廣告」,出現在螢幕底下影片的文字敘述旁。行銷商很快研究出,廣告若以較簡單粗糙的方式拍攝,很容易被誤以為是使用者創作的一般影片,有些人一看到是宣傳片就會立刻跳過去,這種方式可以騙過這些人。

抖音和臉書、IG 有一個很重要的相似點:能吸引網紅、品牌、企業和一般人自主投入時間和金錢,創作高品質的影片,免費上傳到平台。這和專業製作的長版影片平台如網飛、Disney+、Hulu、騰訊視頻差異極大。這些平台要耗費大筆資金委託或自己製作高品質的內容,通常要索取訂閱費來彌補這些高昂的前期成本。

字節跳動知道他們必須建立基礎設施,幫助創作者靠著辛苦贏得的追蹤

數獲利。人們愈是能輕易在抖音賺錢，就會花愈多心力創作高品質的內容，建立活躍的社群。直播打賞是證實有效的模式，在快手很盛行，抖音也成功地整合這套模式。利用眼球獲利的更直接方法可能是電子商務。帳戶一旦累積一定數量的追蹤者，創作者可以在影片裡加入可購物的電子商務連結，打開龐大的商機。抖音的演算法分配模式讓人氣影片獲得大流量的獎勵。若再與電子商務結合，那些很適合利用短短幾秒的影片來展示的新產品，便可以創造很大的配銷量，賣得最好的類別包括服飾、化妝品、食品和飲料。二〇一八年十二月線上購物節期間，抖音前五十大帳戶的銷售額超過一億人民幣（一千四百萬美元），光是一天就完成一百二十萬筆交易。[209]

騰訊獨憔悴

　　競爭對手面對抖音出乎意料爆紅如何反應？這個問題的答案對於後文分析臉書對 TikTok 的反應，可以提供啟發性的反面例子。我們要檢視的本地競爭對手是騰訊。

　　騰訊擁有知名的「超級 app」微信，中國人花在智慧手機上的時間，大約有一半都被騰訊的 app 囊括。總部設在深圳的這家網路巨擘，主宰中國的網路社交產業與利潤豐厚的遊戲產業。簡單地說，任何人隨便觀察一下，都會預期最後是騰訊主宰中國的短影音市場。

　　騰訊較早進入短影音市場，二〇一三年九月推出模仿 Vine 的微視。巧合的是，微視的辦公室距離字節跳動只有一條街，都在北京西北方。微視[210]剛開始走的路線是邀請很多名人加入平台。執行長馬化騰在自己的帳戶錄製影片，希望進一步吸引媒體的注意。該 app 獲得初步的肯定，趁中國新年大力推廣之後，每日使用者號稱達到四千五百萬人。[211]但因為只有基本功能，方向不明確，欠缺公司內部的支持，很快就人氣退散，命運和 Vine 差不多。

　　微視的影片是八秒，比 Vine 的六秒長一點點，但還是很緊湊。一般使

用者會發現，很難在短短八秒內完成故事情節。微視沒有濾鏡或美化效果可以讓人輕鬆拍片，更糟的是，當時中國市場大都使用早期的安卓和塞班（Symbian）智慧手機，螢幕解析度低，照相功能差。

這時短影音還處於探索階段，業界尚未清楚其真實價值。每個人都只是在這個產業勉強應付，也看不到多少明確的獲利機會。沒有人預期短影音市場的規模會成長到這麼大。一般認為，提供類似網飛、Hulu、YouTube 的長版影片更加重要，因為已有一套商業化模式，如付費訂閱高級方案和片頭廣告。

總之，騰訊比字節跳動早很多年抓住短影音的潮流，並採取行動。Vine 在美國市場流行起來不過八個月，騰訊已經發布本地的類似 app。但這並未能轉化成先進者優勢（early mover advantage）。到了二○一五年三月，微視總經理離開公司，app 停止更新。

快轉到二○一七年初，騰訊的事業達到高峰。超級 app 微信的支付業務蓬勃發展。騰訊視頻在網飛式的長版影片市場領先，遊戲部門的爆紅遊戲《王者榮耀》呈爆炸性成長。騰訊擊出了全壘打，那款遊戲根本是印鈔機，每月營業額超過四億美元（三十億人民幣）。

騰訊沒有在每一項網路類別全面競爭，而是發展出一套策略投資盟友，以少數股權支持最頂尖的公司，將他們的服務輕鬆整合到更廣大的騰訊生態系裡。

騰訊宣布要投資快手三‧五億美元，那是當時短影音市場的領導 app，將其估值推升到二十五億美元。這場交易被廣泛評價為聰明之舉——在蓬勃發展的短影音市場又取得一個重要盟友，也是騰訊另一筆精明投資，可預見報酬豐厚。這與騰訊在電子商務、搜尋、外送、叫車等方面的做法是相似的模式。投資快手一個月後，微視宣布正式關閉。就在這個時候，抖音走出漫長的冷開機階段，騰訊則是正式退出短影音市場，選擇支持代理 app。

張一鳴
字節跳動執行長

王興
美團點評執行長

馬化騰
騰訊共同創辦人
和執行長

張磊
高瓴資本創辦人

沈南鵬
紅杉資本中國
執行合夥人

雷軍
小米創辦人

劉強東
京東創辦人

程維
滴滴出行創辦人和執行長

楊元慶
聯想執行長

宿華
快手創辦人和
執行長

陳生強
京東金融執行長

王曉峰
摩拜單車執行長
和共同創辦人

朱嘯虎
金沙江創投合夥人

姚勁波
58同城執行長

周源
知乎創辦人

王慧文
美團點評高級
副總

▌ 二〇一七年張一鳴參加中國網路業的著名聚會，在座的有多名最具影響力的執行長。從座位的安排可看出地位高低，騰訊執行長馬化騰居最佳位置。值得注意的是裡面沒有阿里巴巴的馬雲，也沒有半個女性[212]

　　抖音意外竄出成為大黑馬，讓整個產業界大為驚訝。到二〇一八年中國新年，所有人都已能明顯看出抖音的崛起。騰訊趕忙反應，加碼投資快手，在新一輪十億美元的投資中成為最大投資人。但快手的核心使用者主要在中國農村，而抖音大不同，主要掌控更具購買力的都會年輕族群。騰訊感受到了威脅，二〇一八年初，決定重新進入短影音領域——微視將大復活。[213]

微視2.0 ── 消滅抖音行動

　　二〇一八年初，騰訊快速組成團隊，負責讓微視復活，重新塑造品牌，將整個平台改造成類似抖音的結構。公司內部將微視設定為「策略產品」，只有幾個極重要的平台才會被高層指定這個名稱。這等於是告訴公司上下，微視現在很重要。短短幾個月，微視團隊擴增至四百人。

　　騰訊一貫採取同樣的手法除掉競爭者——模仿對手的產品，利用龐大的網路服務王國帶動巨量下載數。在一場微視的團隊策略會議裡，設定簡單直

接的「北極星」目標——在使用者人數、保留率及其花在 app 上的時間都要
與抖音相當。

▌左：原始微視二〇一三年的廣告看起來與 Vine 很相似，甚至連色調都雷同。右：二〇一八年更新的微視截圖與抖音明顯相似

　　騰訊完全封殺字節跳動在他們的平台購買任何形式的網路廣告。不僅如此，微視簽下一些年輕的名人，[214]獨家在其平台張貼影片。二〇一八年四月，騰訊宣布提供微視內容創作者三十億人民幣的大手筆補貼計畫。此舉在網路引發熱烈討論，騰訊與抖音一決雌雄的野心昭然若揭。

　　「下載微視」的彈出式廣告和通知開始出現在騰訊的各種平台，有時讓人覺得像垃圾廣告般煩人。就連極保守的微信都會在使用者張貼影片時插入微視的宣傳。[215]

　　半年後，微視的使用者達到四百萬。騰訊投資的某家公司主管重批：「以騰訊的資源來說，這個速度只能算是一塌糊塗。」[216]抖音的保留率約八〇％，微視只有四三％。微視的使用時間只有抖音的四分之一。

問題出在哪裡？

要分析騰訊為何失敗，首先必須說明一點，沒有人（包括字節跳動）預見抖音會變得這麼重要。微視 1.0 進入市場太早，微視 2.0 太晚，兩者都錯失機會。字節跳動的主管陳林後來判斷，騰訊選擇關閉微視 1.0 是「一大錯誤」。[217] 抖音從微不足道到爆炸性成長，只花了半年多一點的時間，讓騰訊等競爭者幾乎沒有時間反應。

騰訊和其他多數業者一樣誤判市場機會，錯失和抖音對決的最佳時機。微視 2.0 進入市場時，抖音已取得關鍵多數的心占率（mindshare），成為短影音的同義詞。

這種情況有一個優點，人們既已熟悉抖音，立刻就能了解如何使用微視，如此短淺的學習曲線降低了轉換的障礙。缺點是欠缺差異化，剛開始連騰訊的員工都很難確切指出微視的獨特之處。人們一旦發現這款 app 只是乏味的山寨版，會直接放棄，換回抖音。

二〇一七年，抖音找到明確的定位──「年輕的音樂族群」，這就是抖音切入市場的點。抖音團隊創造了強大的識別，建立充滿活力的內容創作者社群，然後才隨著使用者的成長轉型為更一般性的主流定位。微視是後加入者，承受很大的壓力要快速成長，只能完全跳過這個階段，直取大眾市場。也因此，要建立真正的社群或獨特的識別很辛苦。

為了快速建立豐富的內容庫，微視將整個過程快轉，付費請特別的專業人士、代理商和工作室提供作品。這種專業製作的內容比較難激發個人參與。使用者會在 Musical.ly 和抖音放上自拍影片，一個重要的動力是透過分享迷因和挑戰來模仿別人。欠缺使用者創作的內容會造成惡性循環，既然沒有太多使用者創作的迷因可以模仿，人們上傳的影片自然較少，也就更沒有影片可以模仿，如此惡性循環下去。

　　騰訊確實有一項優勢勝過字節跳動，就是在社交網路方面占據主導地位。若使用微信帳戶登入微視，就可以輕易使用該 app 和家人朋友連結。這種「社交圖譜」的整合，對騰訊很多款最熱門的遊戲都有很好的效果，但在短影音就不是那麼好。

　　抖音的成功大力仰賴演算法推薦，這不需要社交關係。社交圖譜對於改善推薦或許有些幫助，但也有缺點，因為加入家人朋友同事會限制自由感。你可能得多方考量，確保拍攝的內容沒問題。使用者會希望自在地決定上傳的內容和追蹤的對象——這通常需要一定程度的匿名性質以及和日常接觸的人切開連結。同時內容要能引起共鳴又很自然，足以讓人產生歸屬感與參與感。

重大威脅

　　到二〇一八年中，中國網路業者已清楚看到，字節跳動現在是騰訊的一大威脅。微信可以滿足溝通的需求，抖音則是滿足娛樂的需求。表面上兩者完全不同，但對母公司而言扮演的卻是非常相似的角色——可以抓住使用者的眼球，成為其他服務的配銷通路。畢竟流量就是王道。

　　那時候，字節跳動在利潤豐厚的手機遊戲市場還未能對騰訊構成嚴重的威脅，但很容易想像未來朝這個結果發展。騰訊只需要回顧歷史就知道了。在個人電腦時代，騰訊逐漸從社交轉移到遊戲，一步步超越先前的市場領導者。騰訊靠著在社交領域的主宰地位享有長期的不公平優勢——得以利用低成本的配銷通路（distribution channels）。字節跳動現在也享有同樣的低成本配銷優勢。遊戲是中國最有利可圖的網路服務，字節跳動遲早一定會經營自己的遊戲，開始危及騰訊的核心業務。

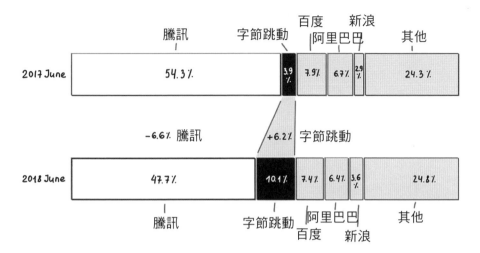

從二〇一七年六月到二〇一八年六月，以中國使用者花在手機上的時間來看，花在字節跳動app的時間占比成長了六‧二％，同期間騰訊的占比減少了六‧六％[218]

騰訊燒了很多錢，也投入相當多的時間心力經營微視。即使微視很明顯不太有機會和抖音一較長短，騰訊還是繼續堅持下去。套用某位分析師的說法：「如果你不競爭，就會輸更多。」[219]

第7章

TikTok走向全球

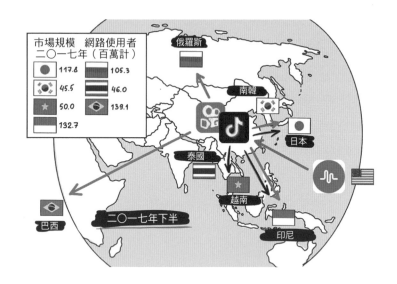

「如果我要再次創業，我不會選擇做短影音，真的要花很多錢。」
——字節跳動中國執行長張楠

▋ 抖音和快手開始以 TikTok 和 Kwai 之名，擴充到選定的國際市場。同時 Musical.ly 重新進入中國市場

本章時間表

- 二〇一七年二月——字節跳動併購 Flipagram
- 二〇一七年五月—— TikTok 第一版在 Google Play 商店推出
- 二〇一七年六月—— Musical.ly 以 Muse 之名重新進入中國
- 二〇一七年十一月—— TikTok 在日本的 app 商店短暫名列第一
- 二〇一七年十一月——字節跳動以八億美元代價併購 Musical.ly

「走向全球是一定要的」，這是張一鳴直接給中國員工的訊息。

他會如此堅定不移，背後的邏輯不難理解——全球五分之四的網路使用者在中國之外。在網路世界，產品開發的固定成本很高，但服務新增使用者的邊際成本通常幾近零。字節跳動若只侷限於一個市場——即使是世界最大的網路市場——幾乎不可能真正與谷歌和臉書一類業者競爭。自公司創立以來，張一鳴長期懷抱的「走向全球」夢想已深植公司的願景，他為了預做準備努力不懈學習英文多年，已具備專業水準。

張一鳴在一次活動中說：「谷歌是沒有國界的公司，我希望字節跳動也能像谷歌一樣。」[220]

字節跳動的全球化計畫之一，是二〇一七年二月以五千萬美元代價併購洛杉磯的 Flipagram。這款 app 讓人可以將手機的照片集中，變成搭配音樂的幻燈片播放。[221] 當時 Flipagram 號稱有三千六百萬活躍用戶。為了監督 Flipagram 合併案，張一鳴從北京帶了一小群人到洛杉磯的辦公室。張一鳴在後來的演講中回憶：「我們的團隊很不自在，因為很少人出過國，全都表示缺乏自信。」[222] 要擔憂的事很多，但最後張一鳴的結論是「實際做起來沒有想像中那麼困難」。[223]

張一鳴有一個簡單的策略可以讓字節跳動更上一層樓——聘雇或透過

併購取得最頂尖的人才，將他們的知識融入組織。為改善公司建立不久的推薦引擎，張一鳴毫不客氣地挖角百度的高階專才。為了讓公司開始獲利，他到傳統媒體廣告界挖角正在崛起的一顆明星──張利東。同樣的，透過併購 Flipagram，以及早期的其他併購案，如印度的新聞聚合 app Dailyhunt 和印尼的新聞 app BABE，都讓張一鳴能取得當地重要的經營技術訣竅（know-how）和專業知識。字節跳動因而可以挑選有經驗的創辦人，借重他們的專業知識加速了解當地市場的眉角。

在中國，短影音市場已經成為創投業者所謂高度競爭的「紅海」。隨著短影音愈來愈受歡迎，競爭變得更激烈。中國每一個中型到大型的網路業者都想要分一杯羹，促使很多人開始尋找海外的成長機會。一些成功的故事讓人很受鼓舞。

當時中國的開發商到海外發展的最佳例子，除了 Musical.ly 這個顯著的例外，多是具有普遍性跨文化吸引力、不需要本土化的實用 app。例如影片編修 app VivaVideo 和 VideoShow，只需要花極少的資金就能達到可觀的成績。到二〇一六年底，VideoShow 聲稱已在全球累積一億註冊用戶，每月活躍用戶超過一千一百萬，行銷支出是零。[224]

到二〇一七年下半，抖音已在中國證明它的價值。運用尖端技術奠定了快速成長的基礎──包括影片分析、擴增實境濾鏡、字節跳動的專屬（proprietary）推薦引擎。至少在理論上這些技術應該都能超越地理藩籬，但這個假設有待團隊證實。抖音在中國的成功真的能複製到其他的市場嗎？他們能否建立系統化的戰術打入其他國家，不受各地的文化與內容偏好所影響？我們很快就會有答案，因為二〇一七年八月字節跳動宣布，將投入數億美元幫助抖音走向國際。

新的識別：TikTok

中國本地的網路有太多獨一無二的特質，[225] 專門為本地的習慣和偏好量身打造，因此流行的中國 app 常會另外創造一個「國際版本」。抖音也不例外，公司討論後首先決定要更改的部分是名稱，但維持獨特的黑色視覺識別和標誌。

「TikTok 是時鐘的滴答聲，代表這個平台的影片很短。」[226] 這是官方對新名稱的解釋。TikTok 以多種主要的語言發音都很容易，暗示這是以音頻為主的 app，內容很簡短。不同於它的前身 Musical.ly，TikTok 不會讓人覺得直接與音樂、對嘴或舞蹈相關。

買下網址 tiktok.com 之前，剛開始幾個月 TikTok 使用的是「awesome me」這個標語（tagline）以及原本的 A.me 網站 amemv.com。[227] 後來在西方市場增添一個口號：「讓每一秒都很重要」，這是給內容創作者的訊息，強化平台內容的簡短特質。

住在圈圈裡的人多於住在外面的人。

▋ 亞洲人口占全球人口一半以上 [228]

中國的網路公司開始國際化時，通常會先關注他們的後院，亞洲——全世界一半以上的人口住在這裡。亞洲很多國家和中國有很多相似處，同樣有手機優先的使用者（mobile-first users），這些人跳過一九九〇年代和二〇〇〇年代 Web 1.0 和 2.0 的個人電腦網路時代。一般而言，亞洲人熱中使用社交媒體，對網路娛樂的需求很強，這些特性對 TikTok 的擴展很有利。

TikTok 認為必須依據每個國家量身訂製適合的做法，善用當地的促銷通路和使用本土語言的網紅生態。有些市場比較容易經營，其中最難打入的是——日本。

日本

TikTok 在中國以外的第一個辦公室，隱藏在東京澀谷區繁忙的街道、無盡的商店、熱鬧的夜生活當中，這是日本熱中追求時尚的年輕人朝聖的地方。一名員工尷尬地對來訪的記者致歉：「不好意思，這裡有點小。」[229] 日本 TikTok 的本地營運人員在六樓的共享辦公室上班。最早的團隊不到五人，但辦公室小到無法全部同時在這裡工作。[230] 成堆的資料在桌子底下疊得老高，白紙剪成的口號「認真工作，盡情享樂，締造歷史」貼在牆上。

中國極少網路服務業能在不友善的日本環境蓬勃發展，使得這個市場很有試金石的意義。一位經驗老到的中國軟體業主管解釋：「一樣產品如果能被日本人接受，基本上東南亞的使用者和亞洲各國都可以接受。」[231]

日本人是出了名的容易不自在又重視隱私。很多人喜歡在網路上匿名，在推特或 IG 這類可公開看到的社交媒體，多半不願使用真名或公開露臉。TikTok 卻期待使用者不只露臉，還要自拍。

另一項挑戰是日本的勞動力不足。有才能的年輕人強烈偏好在大企業或公家機關工作。像 TikTok 這樣來自中國的不知名新公司，幾乎不可能招募到頂尖的本地人才。基於這些理由，TikTok 的做法是聘用對日本社會有深

入了解的中國人。其中一些人先前曾服務於日本的其他中國科技品牌，包括微信支付和深圳的無人機製造商大疆。

最後一點，眾所皆知日本對東亞競爭經濟體的網路產品總是懷著戒心。一個明顯的例子是日本主要的通訊 app，Line，竭盡所能淡化來自韓國母公司 Naver 的事實。

抖音進入日本的初期策略，很類似低調「冷開機」時期在中國所選擇的路徑。抖音已有很多高品質的影片，可以輕易成批輸入 TikTok 做為基礎，但這樣還不夠。他們從抖音學到的一個教訓是，要經營使用者創作內容的app，首先必須培養一群用心且高品質的本地種子創作者，由他們訂出社群的調性，創造迷因讓別人模仿。這需要時間。若沒有任何社群就匆忙跑進去花大錢打廣告，只會得到反效果。

東京團隊花很多心力為新的平台尋找適合的網紅。這群人除了可以將現有的追蹤者轉移到新平台，還可以創作高品質的內容，建立知名度。網紅有兩種：明星和利基市場的關鍵意見領袖（niche area KOLs，Key Opinion Leaders）。名人擁有較多的觀眾，通常以百萬計，利基市場的關鍵意見領袖（如烹飪或舞蹈）擁有的追蹤者較少，但忠誠又投入。

TikTok 要面對的一個難題是守門人——要找名人或最好的關鍵意見領袖合作，都得透過人才管理經紀商。對 TikTok 來說，這些組織是無法滲透的堡壘，沒有人認識 TikTok，也就表示，沒有一家經紀商會拿 TikTok 當一回事。

最後的突破人物是女明星木下優樹菜。[232] 營運團隊一發現她是使用者，立刻聯絡她的事務所。木下很喜歡使用 TikTok，對合作也採開放的態度，但她的經紀商表達強烈保留。當時的日本 TikTok 總監解釋：「大約聊了六、七次才談下來。日本的藝人事務所態度謹慎，需要在反覆的談判中讓他們了解產品，並且展現合作誠意。」[233]

辛苦爭取到第一個明星後，說服其他人加入的路就不再那麼顛簸了。最早期有一些名人正式為 TikTok 背書，包括推特追蹤者高達五百萬人的歌星卡莉怪妞，女孩樂團「E-girls」和知名 YouTube 部落客「Ficher's」。[234]

此外，營運團隊會在其他平台運作推廣帳戶。日本 TikTok 的推特帳戶在二〇一七年五月註冊，可能是 TikTok 最早的推廣帳戶。[235] 張貼的影片顯示和早期的抖音風格類似，就是給年輕人看的舞蹈和對嘴。

有些早期採用者提到在推特發現 TikTok 後為何會從此愛用——因為他們有先進的影片編修工具、濾鏡和特效。YouTube 和 IG 都沒有提供這麼多樣的選項，TikTok 因而成了創作影片上傳到其他平台的實用工具。每一支影片的浮水印可以發揮迷你廣告的效果，推升 TikTok 的下載數。早期的日本 TikTok 網紅 Kotachumu 說：「TikTok 的評論多半討論影片的拍攝方式和技巧，推特的評論不一樣。」[236] 顯示 TikTok 最早期的使用者強烈把重心放在影片的製作上。

TikTok 在日本的表現出奇地好，一個關鍵因素是市場上欠缺相似的產品。TikTok 最後發現，它是在和自己競爭。本地的短影音競爭者如 MixChannel[237] 和矽谷知名的網站或 app，如臉書、Snapchat、YouTube 都未能提供類似的東西。

日本人普遍對個人主義反感，面對這樣的文化，營運團隊想到推出團體一起參加的挑戰，[238] 以及讓臉孔不那麼容易辨識的濾鏡，藉以降低不自在的程度，減輕使用者對外貌的擔憂。很多專業的營運知識從抖音時期就已建立，可以轉移到日本 TikTok。包括過去使用過、很吸引人參與的各種挑戰，可望創造網路熱潮，吸引更多本地的明星和名人加入。

如同前述，日本 TikTok 早期多聘用對當地深入了解的中國人，但很快就轉變為完全聘雇本地人。隨著平台一點一滴累積名聲，人才的聘雇變得比較容易，公司也慢慢將決策權從北京轉移到日本分支。信心大增後，他們開

始進行線下推廣，在東京地鐵大打廣告。

日本電視網對產品置入式廣告設有禁令，團隊很聰明地想到更容易的辦法：提供值得報導的有趣故事。關於 TikTok 趣聞軼事的電視報導開始愈來愈多，依據日本 TikTok 工作人員的說法，到二〇一八年六月初，「幾乎是每日一報」。

產品全球化，內容本土化

隨著字節跳動四處試水溫，修正系統化的營運規則，類似日本的故事也在亞洲其他國家上演。TikTok 早期的市場主力在亞洲，包括越南、韓國、泰國和印尼。同時，TikTok 的中國競爭對手快手也從中國跨出第一步，選擇把重心放在韓國以及人口較多的一些新興市場，如俄羅斯、巴西和印尼。

各項指標顯示，TikTok 有潛力可以在任何地方成功。這款 app 基本上就是依據使用者概況提供個人化的影片——這個基本概念能夠在所有的文化創造出很吸引人的使用經驗。張一鳴在一次受訪中這樣敘述字節跳動的做法：「產品全球化，內容本土化。」

標準化元素：適用所有的市場

品牌：TikTok 的名稱、標誌、獨特的視覺識別（visual identity）

使用者經驗（UX）與使用者介面（UI）：核心功能與設計，產品邏輯

技術：推薦、搜尋、分類、臉部辨識

地區性元素：依特定地區和語言量身訂製

內容：推薦影片庫

營運：行銷、推廣、成長

一旦使用者人數達到一定規模，輔助性的服務也可以本土化，包括：

商業化：廣告銷售與業務發展

其他：政府關係，法律與內容審查

這套系統的核心概念是依據地理、文化、語言，建立區域化的內容庫。[239] TikTok 經驗的核心是提供「為您推薦」的影片（For You），這部分在每個市場都會做到本土化。日本的使用者不會被推薦印尼帳戶的內容，反之亦然。每個國家或地區基本上都是孤島。[240]

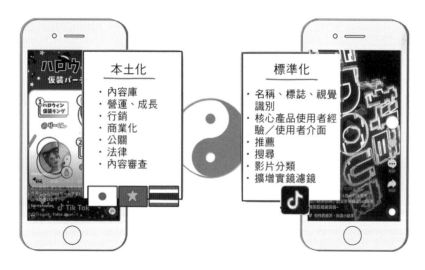

▌ 結合本土化與標準化，為每個市場創造量身訂製的經驗

一個日本使用者若要找尋印尼朋友的影片來看，必須使用搜尋功能，這個功能讓使用者可以看到全球任何 TikTok 帳戶或主題標籤的影片。但只有極小比例的流量來自使用此搜尋的人，相較之下，「為您推薦」是該 app 的核心經驗，幾乎每個人多數時間都花在這裡。

偶爾他們會將內容從一國引進到另一國，以便促進類別的多樣化，讓使

用者接觸到不同的影片風格。你必須讓人們看到各種可能性，教導他們如何創作新形式的內容。

由於抖音和 TikTok 是不同的網路，兩個營運團隊有很多機會進行互蒙其利的交流。當某件事在中國流行起來，團隊會判斷是否適合引入其他市場。反之亦然，在 TikTok 上流行的東西或許也可能被帶入抖音。

從抖音和其他地區引入的影片可用以建立新地區的內容庫。這些影片等於是基本「教材」，可以提供靈感，引導創作，因為這類影片已證實很受歡迎又容易複製。

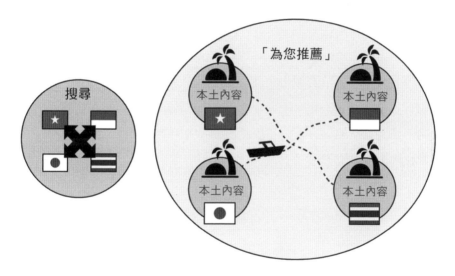

▌搜尋功能涵蓋全球，每個地區則是從孤立的本土影片庫尋找靈感，展示個人化的「為您推薦」影片

Musical.ly 返鄉

二〇一五年，中國版的 Musical.ly 一反傳統命名法則，以容易記住的

「媽媽咪呀」為名推出，結果徹底失敗。共同創辦人陽陸育解釋：「我們會選擇去美國，是因為發現在自己的市場沒有機會。」剛開始他們判斷亞洲人太拘謹，不善於透過影片自由表現自己。

兩年後，兩位創辦人終於覺得，是到了可以再嘗試一次的時候了。二〇一五年 Musical.ly 的團隊還不到十人，這時全球員工近百人，以上海為基地，成立龐大的營運和工程團隊。他們不僅累積寶貴的經驗，還有知名創投公司的金援。即使如此，「回鄉打拚」並不容易。

Musical.ly 打破所有標準的推廣規則，沒有打廣告，沒有補貼內容創作者，也沒有花錢請名人。自創立以來，Musical.ly 幾乎沒有花什麼錢在行銷，而是仰賴口耳相傳，大力培養忠實的使用者社群。高度自動自發的超級粉絲團在其他平台經營 Musical.ly 的許多社交媒體帳戶，安排線下聚會，全部無薪。有些使用者愛 Musical.ly 到只想義務幫忙。

那種自然成長策略在中國根本行不通，那裡的網路市場是冷酷無情、環境惡劣、損人利己的世界。競爭很激烈，改變的速度極快，獲取使用者的成本一直比西方市場高很多。

Musical.ly 若要在中國成功，必須採取不同的策略，願意花錢。創辦人決定將中國的營運團隊設在北京，遠離根基穩固的上海總部，建立一個更有競爭文化的新團隊。

二〇一七年六月初，Musical.ly 正式重新進入中國。捨去舊的「媽媽咪呀」名稱，他們在「Muse」（繆斯）的識別下重塑品牌，希望善用他們在歐美市場建立的聲譽，但並沒有多少幫助。

原本分散的短影音領域現在快速整合成掌握多數資源的幾家大公司，他們成了後來者。共同創辦人陽陸育回想：「很後悔沒有早點（重新）進入中國。現在滿大街的抖，抖得我非常不舒服。」[241] 他指的就是抖音。

Muse 在中國巔峰時期吸引每日使用者數十萬人。抖音到二〇一七年下

半，每日使用者數百萬，且快速激增。

　　表面上 Muse 和抖音極相似：都是十五秒的全螢幕短影音，向上滑瀏覽，以音樂為主發掘新內容等等。但兩者的發展結果大不同，這要歸因於使用者無法直接看見的種種因素。抖音能夠成功，從技術到推廣到使用者獲取，大幅仰賴母公司的資源。Muse 完全比不上，他們的推廣預算極少，技術能力相較弱很多。此外，品牌知名度不夠和缺少差異點（point of differentiation）也是問題。

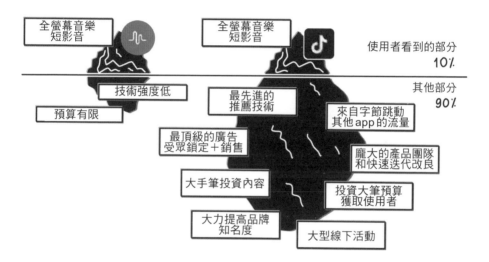

▎Musical.ly 和抖音／TikTok 乍看很相似，但這只是冰山一角

　　創辦人朱駿直率比較中美市場的競爭差異。「在 Musical.ly 早期，我們的競爭對手都是美國的公司，幾乎沒有感覺到任何競爭壓力。但是從去年開始，我們開始和中國的公司競爭，包括今日頭條，不管是在市場營運上，還是產品迭代的速度，和美國公司完全不是一個量級。」[242]

Musical.ly 遭遇獲利困境

　　種種問題顯示 Musical.ly 發展不順,在中國競爭失利只是一長串警訊之一。最大的問題是如何賺錢。Musical.ly 創造一個網紅的生態系,讓很多品牌能夠曝光,但平台本身很難從自己創造的價值獲利。

　　在歐美市場,從 YouTube 到推特到臉書,娛樂與社交 app 的預設獲利模式都是靠廣告,但在 Musical.ly 很少看到廣告。他們沒有後端基礎設施可以自動化處理業者購買廣告的事宜,而是透過銷售團隊人力處理這個過程。問題是 Musical.ly 的銷售網不大,在最大的市場美國,一位記者詢問九家廣告代理商,其中六家甚至不知道 Musical.ly 有銷售廣告。[243]

　　廣告主對 Musical.ly 的主要印象是年輕的實驗平台,還沒有確定應該採取何種廣告營運模式。谷歌和臉書已提供選項豐富的廣告平台,也廣為大家接受,Musical.ly 能提供什麼獨特的價值,是廣告主無法在這些地方得到的?真的考慮在 Musical.ly 打廣告的品牌則又抱怨收費太高。據說一天的廣告收費在七萬五千美元到三十萬美元之間,較高級的方案更高達二百五十萬美元。[244] 以一家廣告效益尚未獲證實的新興平台來說,Musical.ly 等於以高價將自己逼出市場。

抖音——印鈔執照

　　Musical.ly 的獲利隱憂與抖音的超優表現恰形成對比。儘管兩款 app 的設計雷同,財務表現卻在光譜的兩端。到二〇一九年,字節跳動的營收估計有一千兩百億到一千四百億人民幣,約一百七十億到兩百億美元,抖音就占了一百億到一百二十億美元,約六〇%。

　　字節跳動的商業化團隊腦力激盪出多種方法來獲取價值，將眼球轉換成金錢，讓抖音的獲利能力發揮到淋漓盡致。抖音的收入大約八〇％來自各種形式的廣告，如品牌贊助挑戰和開啟 app 時立即出現的全螢幕廣告。

　　在各種形式中，絕大部分的營收來自「動態內影片廣告」（in-feed video ads）。這些廣告占據整個螢幕，自動播放，看起來像是一般的 TikTok 影片，只有在螢幕底部的影片敘述文字旁有小小的廣告標示。

| 動態內影片廣告 | 遊戲中心 | 虛擬禮物 | 直播電子商務 |

▌**抖音各種獲利模式的截圖，包括動態內影片廣告、遊戲、虛擬禮物和電子商務**

　　行銷人員很快就明白，如果能讓宣傳片看起來像典型使用者創作的影片，而不是專業、熟練、精緻的廣告，就可輕易騙過對廣告反感的使用者觀看開頭幾秒，這幾秒已足夠傳遞訊息。這套模式證明很受歡迎而且有效。

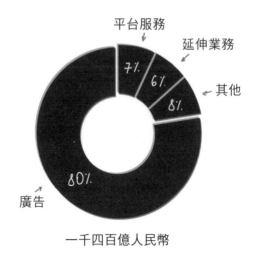

平台服務
延伸業務
其他
7%
6%
8%
80%
廣告

一千四百億人民幣

▍抖音二〇一九年的詳細營收估計[245]

　　另一個獲利模式是「巨量星圖」的平台委託（那是字節跳動官方的網紅資料管理平台）。[246] 品牌若想在抖音和網紅合作，必須透過巨量星圖，否則宣傳影片可能無預警被拿掉。品牌付給網紅的錢都要抽一部分給平台。另外直播節目的打賞和直播電子商務也會貢獻收入。

　　「延伸業務」包括透過遊戲、付費知識、電子商務所產生的營收。「其他」包括透過藍勾勾帳戶認證費和提升曝光度的工具「DOU+」所產生的收入——任何使用者或創作者，都可透過這套系統付費給平台，以提升影片的能見度。

　　頭條是很有效率、運作順暢的廣告機器，背後有很大的銷售團隊和先進的基礎設施，在廣告主之間已建立很好的聲譽——這一切都順勢運用在抖音上。在西方市場，IG 應該是與抖音最相似的例子，同樣得力於母公司臉書既有的廣告專業知識和基礎設施。

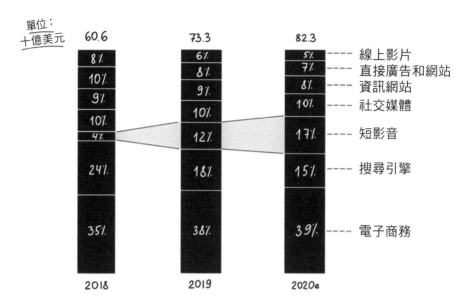

中國各類型的網路廣告。短影音成了中國第二大廣告類型，僅次於電子商務，超越搜尋，這個改變主要是由抖音帶動[247]

　　短影音這個類別占中國全部網路廣告花費的比例，近年來快速提高，從二〇一八年的四％到二〇一九年大增到一二％，預估到二〇二〇年還會提高到一七％。同時期，搜尋引擎廣告卻從二四％降到一五％。

出售時間到了？

　　到二〇一七年末，Musical.ly 面臨來自四面八方的威脅。在中國，抖音像火箭船般暴衝，Muse 則是未能產生有意義的影響。Musical.ly 以青少年和前青少年期的孩子為目標，也因此陷入成長的瓶頸。青少年網紅的年紀已成長到比 app 的年輕觀眾更老，Musical.ly 的網紅和粉絲都流向更大更老牌的平台，如 IG 和 YouTube。

　　Musical.ly 投入時間心力，試圖提供多樣化的服務，包括建立與測試

少量的互補 app ——如視訊 app「Pingpong」和「Squad」，直播 app
「Live.ly」，[248] 但都未能得到消費者青睞而有始無終。愈來愈多的跡象顯示，
Musical.ly 的成長和互動率已經過了巔峰。[249] TikTok 卻在亞洲各個市場讓
人看到值得樂觀的進步，包括出了名很難打進去的日本市場。

所幸 Musical.ly 若要賣給大企業，仍然處於有利的地位。追求者不少，
即使成長停滯，Musical.ly 仍是很有吸引力的併購標的。西方市場很有獲
利潛能，但很難進入。Musical.ly 已建立重要的品牌，能引起歐美青少年
的強烈共鳴。字節跳動、臉書、騰訊、Snapchat[250] 和快手都在不同時間表
達過興趣，並與創辦人談過。

騰訊有時被稱為「科技界的波克夏海瑟威公司」（Berkshire
Hathaway），因為大力投資很多網路公司。騰訊退出與 Musical.ly 的協
商，二〇一四年又錯失併購 WhatsApp 的機會，倒是買下二十億美元的
Snapchat 股權，在西方社交網路取得一席之地。

時任 IG 執行長的凱文・斯特羅姆（Kevin Systrom）親自在上海和
Musical.ly 的創辦人見過面，後來說服祖克柏考慮併購。他們在門羅公園
市（Menlo Park）的臉書總部有過嚴肅的談話，但沒有結論。臉書一些資
深主管（包括祖克柏）都嘗試開立 Musical.ly 帳戶親自試用，祖克柏常透
過該平台和 Musical.ly 的創辦人互動。[251] 媒體後來報導，熟悉內幕的人士
表示，臉書「最後會退出，是因為對 Musical.ly 的使用者太年輕和老闆是
中國人抱持疑慮」。[252] 但臉書開始協商之前應該已經很清楚這兩種風險。事
實上還有另一項沒有報導的麻煩——傅盛。

傅盛是 Musical.ly 的天使投資人，也是獵豹移動的執行長，北京這家
上市的手機 app 開發公司在全世界擁有數億使用者。[253] 獵豹移動為了開拓
全球市場，投資 Musical.ly 五百萬人民幣（七十萬美元），當時很少人相
信 Musical.ly 有多大的成功希望，獵豹移動當時的投資總經理說：「大家

都覺得要做出搭配音樂十五秒的影片根本沒有技術門檻」。[254] 他是一個精明的生意人和產業界的老江湖，設定的投資條件賦予他否決未來任何併購案的權利。全球數家規模極大且口袋極深的網路公司都繞著 Musical.ly 打主意，傅盛深知如何玩這場遊戲，確保該他賺的就得給他，不論合不合情理。

張一鳴談成併購案

快速成長的字節跳動長期以來一直懷著進軍全球的野心，又願意砸大錢，爭奪併購 Musical.ly 時當然進入最後決選名單。

張一鳴和 Musical.ly 的共同創辦人是多年舊識，但直到二〇一七年春天，[255] 才開始和字節跳動負責併購案的主管柳甄認真展開討論（柳甄原本是 Uber 的中國發言人）。Musical.ly 的董事童士豪透露：「要談成案子，張一鳴必須想辦法和傅盛協商……這筆生意不好談。」[256]

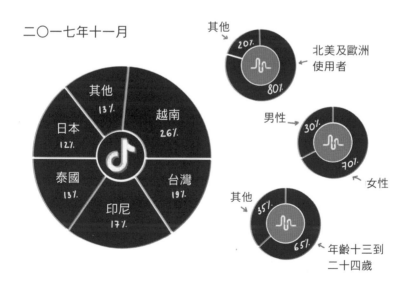

▎TikTok 和 Musical.ly 二〇一七年十一月的資料。[257] TikTok 的使用者遍及東亞和東南亞市場，Musical.ly 的使用者偏重西方的少女

　　要滿足傅盛的嚴苛要求，最後的協議是把三筆交易綁在一起。張一鳴同意以八千六百萬美元的代價買下獵豹移動的新聞聚合 app「新聞共和國」，投資獵豹移動的直播平台 Live.me 五千萬美元。對 Musical.ly 及其投資人而言，八億美元的併購價是很讓人滿意的報酬。

　　對字節跳動來說，併購 Musical.ly 可同時達到數個目標。首先，以此取得西方市場龐大的使用群很划算—— Musical.ly 和 TikTok 的亞洲使用者很少重疊。

　　同樣重要的是，此舉可避免大公司藉由併購與改造 Musical.ly，抄捷徑與 TikTok 競爭，如此便可預先阻斷對手最可能的反制手段。最後一點，就像 Flipagram 一樣，字節跳動可學習到 Musical.ly 多年的營運經驗，將心得應用在整個組織裡。

　　二〇一七年十一月十日，字節跳動將這項併購案公諸於世，現在他們擁有 Musical.ly 了。這是目前為止字節跳動最大宗的併購案。兩個月前字節跳動剛獲得美國成長基金泛大西洋投資集團（General Atlantic）帶領的新一輪投資，使得公司原本一百一十億美元的估值增加一倍成為二百二十億美元。一年後，這個數字還會再增加兩倍以上，成為七百五十億美元。字節跳動在短影音市場的投資獲得巨大的報酬，超乎多數人的想像。

第 **8** 章
尷尬癌發作！

「Musical.ly 消失了，我們都高興極了。然後變成……TikTok，
TikTok，TikTok ！」
——世界人氣最高的 YouTuber PewDiePie

▍二〇一八年末 YouTube 上 TikTok 的付費廣告

本章時間表

- 二〇一八年四月——二〇一八年第一季 TikTok 成為全世界非遊戲 app 下載量第一名
- 二〇一八年八月—— Musical.ly 和 TikTok 合併，TikTok 第一次在美國上線
- 二〇一九年一月——在美國 TikTok 出現第一則廣告，外送平台 GrubHub 的啟動畫面廣告
- 二〇一九年二月——字節跳動聘用 TikTok 的第一個美國區總經理，原 YouTube 高階主管凡妮莎・佩帕斯（Vanessa Pappas）
- 二〇一九年四月——〈舊城小路〉（Old Town Road）開始破紀錄連十九週雄踞告示牌百大單曲（Billboard 100）第一名
- 二〇一九年六月——字節跳動聘用臉書前任全球夥伴關係副總布雷克・錢德利（Blake Chandlee）加入 TikTok
- 二〇一九年九月——美國國家美式足球聯盟宣布和 TikTok 簽訂多年內容合作，這是品牌採用的拐點（inflection point）
- 二〇二〇年五月——字節跳動聘用迪士尼前高階主管凱文・梅爾（Kevin Mayer）擔任 TikTok 執行長

「你說的話可以被視為毀謗」，中國首富馬化騰回答。[258]騰訊這位公開場合害羞內向的執行長被激怒了，一反常態在網路憤怒發聲，捍衛他的公司。他的帶刺回應係針對張一鳴，因為兩位企業家的公司已成了勁敵。

馬化騰發出火爆評論之前，張一鳴在網路貼出兩張圖片——一張是 TikTok 的標誌，一張是排行榜顯示 TikTok 是二〇一八年第一季全世界下載量第一名的 app。他在上面只寫了三個英文字，意思是「慶祝小小的成

功」。張一鳴在底下嗆聲騰訊以模仿策略對抗抖音的成長——在騰訊的社交
網路封殺抖音，同時宣傳自己幾乎完全一樣的山寨版。

▎張一鳴二〇一八年五月的網路貼文

　　張一鳴公開誇耀 TikTok 的成功，同時批評對手的做法（雖則在中國產
業界可能是標準做法），終於將馬化騰逼到極限。中國兩位最溫和內向拘謹
的領導者公開對嗆起來。對話的截圖快速在中國網路瘋傳，引發廣泛的討論
和揣測。

　　微信失敗，TikTok 卻成功，騰訊很難吞下這口氣。儘管投資了數億美
元在二〇一三和二〇一四年的廣告和推廣，騰訊的旗艦超級 app 微信試圖
在全球打響名號的野心是失敗了。今天在中國大陸之外，使用微信的主要是
海外中國人和那些與中國做生意的人。反之，字節跳動已證實他們的假設

—— TikTok確實有潛力在全球被廣泛採用，而且持續在快速進步。

中國有很多網路服務和西方類似，但主要對象是中國的使用者。TikTok是中國製造的消費性網路產品中，真正將觸角擴及全球的第一家企業，主要理由是掌握強大的先進者優勢。如同字節跳動早期在日本等市場體會到的，TikTok基本上是在和自己競爭。因為TikTok提供的經驗就是與其他社交媒體和社交網路不一樣。

TikTok的崛起反映的是更廣大的全球趨勢。從電子商務到支付到手機遊戲，在很多消費性網路服務的領域，中國目前都是領先世界。到二〇一八年，中國業者普遍知道，短影音是4G手機時代的「殺手級app」（killer app）。本土的網路業者詳細解析過抖音成功的因素，TikTok式的影片也在各種app上冒出來，業者爭先恐後將短影音整合進產品裡。但西方對這種模式的威力還沒有同等的認知。

過去是「中國抄襲」的時代，中國的網路公司只要看到矽谷有什麼新趨勢，便迫不及待做出中國的山寨版，但這個時代已經告終。至少在短影音這部分，形式已然扭轉。不用多久，將變成矽谷「抄襲中國」。

還我Musical.ly！

二〇一八年八月二日是TikTok發展史的重要里程碑——這一天Musical.ly和TikTok合併。一夕之間，Musical.ly的使用者發現app變成「TikTok——包含Musical.ly」，原有的影片和帳戶移到新的app。

大約一年內，TikTok聲稱每月使用者從零成長到五億，[259]主要在亞洲。相較之下，已營運五年的Musical.ly每月使用者只有一億。併購Musical.ly時，字節跳動暗示兩個平台會維持獨立。但不過九個月後，Musical.ly的品牌便被捨棄，因為已被規模大很多也更成功的TikTok吞併。

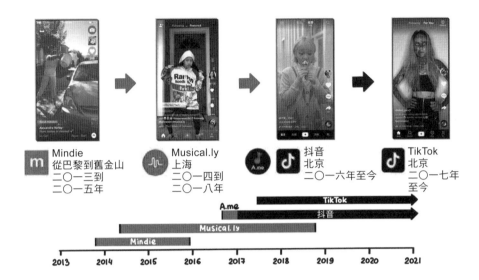

Mindie
從巴黎到舊金山
二○一三到
二○一五年

Musical.ly
上海
二○一四到
二○一八年

抖音
北京
二○一六年至今

TikTok
北京
二○一七年
至今

▌抖音的國際版 TikTok 一開始是模仿 Musical.ly，Musical.ly 一開始是抄襲 Mindie。或許可以說 TikTok 是第三代山寨版[260]

　　有人認為合併後基本上沒有什麼改變，這樣想也不為過。標誌和介面設計雖然經過改造，但滑動觀看十五秒短影音的核心經驗大抵不變。不過，還是有多項關鍵性的改變讓忠實的 Musical.ly 使用者很感冒。[261] 網路上很多人抗議，要求「還我 Musical.ly」，也有很多使用者離開。[262] Musical.ly 的產品策略經理維拉帝解釋：「有時候你必須拋開原本珍貴的事物，甚至擁抱憤怒不滿的使用群，才能抓住更大的機會。」

　　一些受歡迎的社交元素被拿掉，包括 Musical.ly 的排行榜，這項功能會顯示各國每天最受歡迎的影片，帶給年輕的使用者社群感，拿掉這項功能很不討好。排行榜會聚焦最有人氣的影片類別，以 Musical.ly 而言，包括青少年的舞蹈、迷因、對嘴影片等。但這不符合 TikTok 的目標──他們希望能提高使用者的年齡層，鼓勵內容多樣化。

　　登錄方式明顯簡化，不再需要註冊或以現有帳戶登入。新的使用者只需從興趣選單中挑選（如動物、喜劇、藝術），幾秒鐘就可開始觀看影片。[263] app 依據裝置識別碼使用「影子檔案」（shadow profile），即使沒有註冊帳戶，也可提供個人化內容。

　　如果你根本還不知道喜不喜歡一款 app 就被要求創立帳戶，那是本末倒置，新的做法讓人可以無負擔地自由體驗 TikTok。

　　TikTok 積極鼓勵分享影片，當一段短影音循環播放數次，代表觀賞者覺得影片很有趣，這時，引人注意的「分享」圖示就會閃爍。分享到其他平台的影片現在會包含閃爍的 TikTok 浮水印，那個標誌很難忽略，因為會在影片的不同角落輪番出現，持續振動。

　　最重要的一項改變是改採抖音的那一套後端基礎設施。對使用者而言，這項改變表現為「精選影片」被新的「為您推薦」取代。兩個名稱精準反映其差異，「為您推薦」完全是個人化的，運用先進的機器學習技術。「精選影片」是 Musical.ly 的舊系統，包含比較簡易的推薦影片與內容團隊人力挑選的影片。

　　據說轉換到抖音的後端系統後，使用者花在 app 的時間增加一倍。Musical.ly 前產品策略主管維拉帝解釋：「app 裡已經有我們要的內容，只是隱藏在原本的架構裡。這一點改變後，內容多樣性便大幅提升了。」曾服務於 Hulu 和亞馬遜的尤金・魏（Eugene Wei）透露：「我們問過字節跳動裡了解狀況的朋友，據說統計圖表上明顯可以看到很大的變化。」[264]

　　這項改變形同脫胎換骨，效果堪與二〇一一年 YouTube 引入 Sibyl 機器學習後端系統相比，YouTube 當時的首席工程師古德羅解釋：「內容已經在那裡，YouTube 可是有幾十億支影片。」這兩個平台的龐大內容庫能夠充分發揮潛力，關鍵就在於運用機器學習進行影片的分類與推薦。

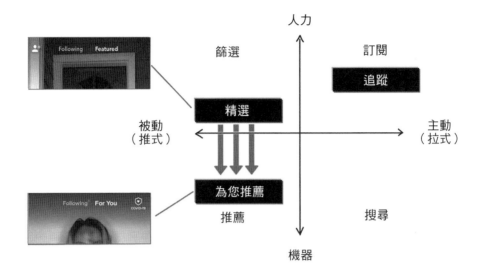

██ 從「精選影片」改為「為您推薦」，影片原本是篩選加推薦的結果，變成完全仰賴推薦

TikTok 尷尬影片集——第十四集

　　世界人氣最高的 YouTuber 對著攝影鏡頭大吼：「**媽媽們**為什麼使用 TikTok？到底為什麼有**任何人**使用 TikTok？」[265] 瑞典遊戲玩家 PewDiePie 從第一支「TikTok 尷尬影片集」爆紅後連續錄了十五支，這是第二支。每一支都是他花十分鐘吐嘈那些讓人超級尷尬的 TikTok 影片。

　　TikTok 沒有付半毛錢給 PewDiePie。這位全球網路界 A 咖名人製作了一支又一支關於 TikTok 的影片，因為他的觀眾很愛看。這應該是網路行銷業者最夢寐以求的真實網紅宣傳。每一支影片基本上都是 TikTok 免費的十分鐘廣告，發送給忠實的八千萬追蹤者。但 PewDiePie 又不是真的為 TikTok 背書。

TikTok 是個奇妙的 app。數不清有多少人在上面張貼怪異的內容，且幾乎完全欠缺自覺——包括無腦的搞笑表演、對嘴、莫名其妙的詭異影片。小孩子拍這些影片還情有可原，因為只是小孩子。但成人在 app 上張貼這些，看起來就只讓人覺得既怪異又不舒服。無數的 TikTok 尷尬影片集開始出現在 YouTube，很多甚至有數百萬人觀看。TikTok 引發普遍的批評，推特和 Reddit 上經常有人公開羞辱 TikTok 的使用者。[266]

在中國，抖音一開始是以都會年輕人的流行 app 引起注意，很多使用者是藝術系學生和時尚的嘻哈愛好者。但在美國完全相反，大眾對 TikTok 的印象是集合魯蛇和怪咖的尷尬 app。問題出在哪裡？

答案是字節跳動在西方各大社交媒體平台，如 YouTube、IG、Snapchat，進行鋪天蓋地的廣告活動。據《華爾街日報》（*Wall Street Journal*）報導，二〇一八年的廣告預算超過十億美元。[267] 字節跳動成為臉書最大的中國客戶，透過安裝 app 的廣告擴展 TikTok 的業務。[268] 很多美國人突然發現，上網到處都可以看到 TikTok 的廣告。

▎二〇一八年十二月字節跳動的產品主管張楠在網路張貼 TikTok 廣告的圖片。左：紐約時代廣場，中：杜拜的哈里發塔，右上：好萊塢星球賭場度假村和賭城大道，右下：倫敦的皮卡迪利圓環[269]

公司也大力投資傳統的看板和戶外廣告。在紐約時代廣場，大年夜的彩球降落之後，立刻出現 TikTok 所費不貲的電視廣告。TikTok 的廣告甚至出現在世界各地的知名地標，從杜拜的哈里發塔到倫敦地鐵到賭城大道都有。

　　一開始，亞洲各市場熱情接受 TikTok，看起來前景很樂觀——抖音的成功似乎真的可以在全球複製。但 TikTok 在亞洲愈成功，愈引發競爭對手的注意，各大網路公司都有先進的系統可以追蹤手機使用習慣的新趨勢和新變化。字節跳動必須快速行動，抓住機會善用其優勢。一般而言，西方的網路公司瞧不起直接模仿的競爭對手。即使如此，如果像谷歌或臉書這樣的巨擘，選擇積極推動類似 TikTok 的產品，還是可以嚴重阻礙其進展。

　　臉書成功模仿對手 Snapchat 的「說故事」影片功能，顯示 TikTok 也很可能遭遇同樣的命運。這意味著速度極其重要，快速擴大規模的最有效方法，就是大撒幣在網路 app 的安裝廣告上，同時透過線下的廣告建立品牌知名度。

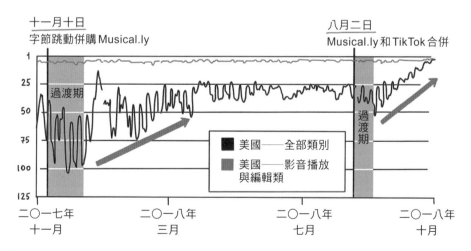

■ 二○一七年十月到二○一八年，Musical.ly（及後來的TikTok）在美國app商店的下載排名。Musical.ly和TikTok合併後不久，排名提升不少，主要是透過積極花錢打廣告

TikTok 的這些廣告讓人不舒服！

通常當一家公司要花大錢在網路打廣告，將一種品牌引進新的市場，多半會與創意代理商（creative agency）合作。他們會高價聘請顧問，尋找具備多年產業經驗的老牌廣告專業人士發想聰明的點子。過程中要傳遞審慎設計的品牌訊息、廣泛運用 Z 世代焦點團體、聘請專業演員在昂貴的錄音室表演、聘請影片編輯和平面設計師，確保一切完美無缺。

張一鳴從來不是恪守傳統的人。他在北京要買第一間公寓時，沒有諮詢仲介或是和家人討論或親自參觀建案，而是找出一套捷徑。他爬網搜尋資料，全部抓進試算表，一個晚上就算出來。

字節跳動要為 TikTok 和新併購的 Musical.ly 打廣告時，也是尋找類似的捷徑，但只使用 app 本身的影片，這個策略與傳統做法不太一樣。TikTok 的服務條款賦予字節跳動這個權利。[270]

他們先以人力找出並去除可能不恰當的內容，然後有系統地實驗不同影片的效果。[271] 廣告完全沒有真的敘述 TikTok 是什麼或任何人為什麼會想要用 TikTok，他們唯一需要的就是引發人們的興趣。目標很簡單──找出哪些短影音會讓最多人按一個大大的藍色「安裝」鈕。

這個購買廣告的流程由北京有經驗的成長駭客團隊運行。只有一個問題──該團隊能夠精準聚焦轉換率的指標，對實際的影片內容卻沒有多少了解。只要是轉換率最高的就多用一點，不管實際影片在講什麼。結果顯示，希奇古怪甚至詭異的影片，真的能很有效地讓人按下大大的藍色「安裝」鈕。

這類怪異的廣告往往會吸引怪咖注意。當這些人開始使用 TikTok，又會製作出奇怪的影片，吸引更多怪咖，如此惡性循環下去。

TikTok 的影片分類系統非常精密，能夠準確找出各種次文化內容並加以分類──而且是自動化進行。這套系統也會依照使用者的行為更有效地加

以標註，準確地提供符合需要的內容，這些是 Musical.ly 一直無法做到的。

　　一個有名的例子是「獸迷」，這是一群被污名化被誤解的人，喜歡穿上大大的獸裝扮成動物，以此取樂。[272] 獸迷是美國 TikTok 很重要的早期採用者。[273] 很多人建立了龐大的粉絲群，因為這些多采多姿的卡通式動物裝扮，對 TikTok 龐大的前青少年期使用者很有吸引力，也讓新的觀眾認識到這個次文化。

　　其他著名的 TikTok 早期使用者社群包括角色扮演者（cosplayer）和遊戲玩家。這些群體之間的敵意促成「獸群 vs. 遊戲玩家大戰」的迷因，[274] 在這些逗趣的假想衝突中，遊戲玩家會假裝被獸群綁架，演出間諜戲碼，假裝滲入獸群之中。

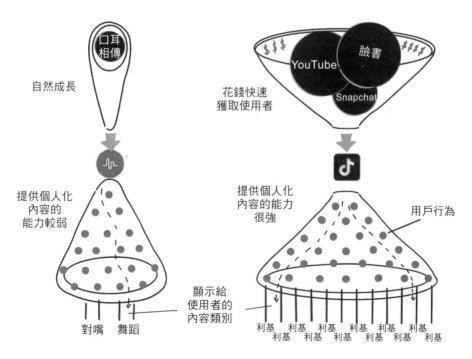

▍TikTok 獲取新使用者的速度比 Musical.ly 快很多，接著依據使用者的個人偏好，精確有效地將使用者和利基內容匹配，這是 Musical.ly 一直無法做到的

TikTok 有一種「duet 同屏功能」，讓兩支影片可以分割螢幕並排出現。Duet 原本在 Musical.ly 被禁止，但現在使用者可以錄製自己的影片來回應任何影片。平台上既有許多像獸群這類怪異的利基次文化，「duet 同屏功能」變得很受歡迎，但很快轉變成霸凌和騷擾的工具。為了解決這個問題，TikTok 後來加上新的設定，讓使用者可以停用 duet。

自二〇一八年八月 Musical.ly 和 TikTok 合併後，便朝很不一樣的方向發展——不過並非每個人都對這種結果很滿意。TikTok 一位不願透露姓名的早期員工解釋：「TikTok 早期在美國（非有意的）定位基本上就是**尷尬**。」TikTok 那時的形象很糟糕，普遍被認為只有怪咖和製作對嘴影片的小孩在用。

▋ TikTok 獸群帳戶的例子，大人扮成大型類似動物的角色

在美國媒體最早談 TikTok 的一篇文章中，IG 網紅傑克・韋格納（Jack Wagner）受訪時做出嚴厲的批評：「我在上面看到大人製作的內容，沒有一支是正常的或優質的。一個成年人竟然在 app 上做可愛的卡拉 OK 影片，

想要以此竄紅，這是很古怪的行為。」[275]

　　大手筆投資廣告確實有效衝高下載數，但也毀了平台的名聲，導致當時美國 TikTok 的小團隊向中國總公司表達擔憂。在中國，抖音從來沒有這樣的問題。早期的主要採用者是經過挑選的，加上精心設計的電影院炫目廣告、高明的病毒式行銷活動、贊助當紅選秀節目等，抖音建立了很優質的品牌形象。

　　「仔細觀察歷史會發現，很多發明都是從玩具開始的，乍看似乎無關緊要，但有潛力變成價值高很多的東西。」[276] 這是 Musical.ly 共同創辦人朱駿在一次受訪時所說的，業界很多人也發表過類似的觀察。[277] TikTok 早期給人的觀感是充斥尷尬的滑稽影片，看起來就像玩具一樣，無法讓人認真看待。Snapchat 早期的情況也很類似——被認為主要是讓大學生拿限時照片互相傳送「性簡訊」用的。TikTok 被很多人批評，據說在美國的保留率只有一〇％，[278] 一般認為對任何 app 都不構成威脅。

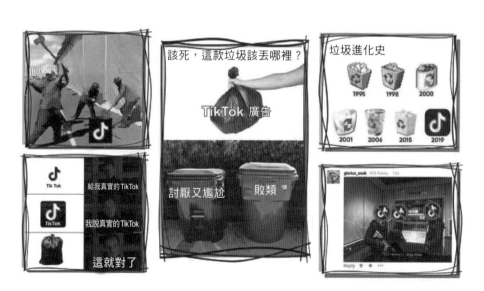

▎從二〇一八年末到二〇一九年初，網路出現許多反 TikTok 迷因[279]

但對 TikTok 不屑一顧的人沒有預期它的改變速度會這麼快。這是依據演算法傳遞內容的平台，很容易朝向有利特定型態的內容發展。字節跳動可以減少青少年對嘴和跳舞這類單調影片的曝光度，凸顯愈來愈多樣的新類型內容，如魔術、街頭喜劇表演、運動、藝術與手工藝等。

大撒幣投資廣告促成大量使用者湧入，創作者發現，由於優質內容的供需失衡，很容易就可以快速累積粉絲。IG、YouTube 和其他平台已有太多人爭奪眼球，TikTok 則是開敞的新天地，於是便開始吸引一群內容創作者和網路行銷者——想要在網路爭取注意力的人終歸還是會追逐人多的地方。這個現象很類似朱駿多年前用來形容 Musical.ly 的比喻——要鼓勵人們移民到你的新國家，「必須讓一部分人先富起來。」

名人開始發聲

在美國全國廣播公司（NBC）很受歡迎的深夜談話節目《今夜秀》（*Tonight Show*）中，主持人吉米・法倫（Jimmy Fallon）說：「我最近開始喜歡用一種超酷的 app 叫 TikTok，你們聽過嗎？」[280] 攝影棚裡的觀眾一片靜默，顯然很少人甚至沒有人知道他在說什麼。「如果你們沒有，下載來看看。」他繼續說，拿出 iPhone 來進一步解釋。

法倫是美國第一個為 TikTok 背書的 A 咖名人。[281] 節目的這一段會讓數百萬人看到，而且形象極其正面，很多人以為是付費代言，但遭到否認。[282] 後來另一個人氣節目《艾倫秀》也很正面地提到 TikTok，主持人艾倫開玩笑說：「如果 TikTok 要送錢找我代言，我可以再播一次。」[283]

字節跳動從來不怕花大錢請名人背書。但在很多情況下，TikTok 根本不需要背書—— app 本身就能推銷自己。正如他們在日本發現的，電視節目和媒體自然會特別注意到 app 裡的搞笑內容。播放 TikTok 影片的精彩片段非常吸引人，總能引發觀眾的反應，結果就是持續免費獲得曝光。

〈舊城小路〉

　　十九歲的蒙特羅・希爾（Montero Hill）失業，帳戶空空，睡在姊姊家的地板。他大學讀到一半輟學追夢，想要成為有名的饒舌歌手，在祖母家的衣櫃錄歌，以「納斯小子」（Lil Nas X）的藝名將作品放到音樂分享平台 SoundCloud。希爾是亞特蘭大人，出身貧窮，六歲時父母離異，由母親和祖母在破舊的公宅養育長大。

　　希爾有一項有利的條件——他具備網路行銷技能，且很能堅持到底——擅長製作病毒式的推文。[284] 他每天花很多小時在網路推銷自己和他的歌。儘管很努力，他想要成名致富的夢想並未實現。成功之日遙遙無期，導致他一直處於焦慮、每天頭痛、失眠的狀態，影響極大。[285]

　　二〇一八年末某一天希爾搜尋 YouTube，發現一段動聽易記的班鳩琴曲子，[286] 那是荷蘭一位年輕人寫的，同樣是在自己的房間製作出來。希爾立刻覺得那首曲子不同凡響，便以三十美元代價買下權利。希爾從鄉村樂得到靈感，創作獨特的歌詞，搭配那首背景音樂。結果變成不同音樂風格的新穎組合——重低音與斑鳩琴音交錯，配上希爾有趣的歌詞，「頭戴 Gucci 牛仔帽，身穿藍歌牛仔褲。」他將歌曲取名〈舊城小路〉，類別是「鄉村陷阱」（country trap）。他趁當地的錄音室打折，只花二十美元便在一小時內匆匆錄好歌。

　　希爾開始努力不懈地在網路推銷新歌。一部分受到前一年人氣最強遊戲「碧血狂殺 2」（Red Dead Redemption 2）所影響，大眾對牛仔文化重新燃起興趣，希爾趁勢創作牛仔主題的推特迷因。這首超洗腦的歌還算受歡迎，但經過兩年不停歇的宣傳，歌曲的人氣逐漸退散。

　　二月十六日一切都改變了，TikTok 小網紅麥可・佩爾查（Michael Pelchat）注意到這首歌可以當配樂，扮成牛仔跳舞拍成影片，[287] 很快形成

這首歌的迷因，人們紛紛在開始進入最有節奏感那一段的瞬間，變身跳舞的牛仔。[288] 歌曲一夕爆紅，幾百萬人將它當作背景音樂製作短影音。佩爾查驚道：「太瘋狂了！大概有三個星期的時間，大家都在扮牛仔。」[289]

TikTok 迷因的病毒擴散力促成歌曲爆紅。如同滾雪球般全美各地愈來愈多人產生興趣，電台為了播放歌曲，還去 YouTube 抓 MP3 音檔。[290] TikTok 讓〈舊城小路〉大紅大紫，在美國成為**最熱門歌曲**，當時希爾甚至還沒有和唱片公司簽約。

〈舊城小路〉最後成了史上最成功的歌曲，贏得多項音樂獎。在告示牌百大單曲榜六十一年的歷史中，這是停留榜首最久的單曲（長達十九週）。後來希爾和哥倫比亞唱片簽約，與鄉村樂傳奇比利・雷・希拉（Billy Ray Cyrus）錄製一個版本。希爾回想他那童話般的成功故事，對於成因毫無疑問：「TikTok 幫助我改變人生。」[291]

這則童話故事凸顯內容傳遞多麼重要。即使像希爾這樣非常精明的行銷者都發現，在推特、IG、臉書這類已經飽和的社交媒體平台，傳遞內容非常艱難。

在這個音樂資源很豐富的世界，創作專業品質的歌曲門檻很低──希爾只花了五十美元──光是創作超優品質的歌曲不保證會成功。如何「在眾聲喧嘩中讓人聽見」通常才是決定性的因素。我們不免要懷疑，還有多少〈舊城小路〉等待被發掘？

迷因力量大

由音樂帶動、使用者製作的影片迷因具有不可思議的力量，〈舊城小路〉就是最佳例子。創作內容並不容易，動機不足也是一個問題，迷因可以大幅降低這些困難，提供一體適用的結構，讓任何人都可以參與。這些迷因常被稱之為「挑戰」，這個詞明確傳達出參與的性質。

　　無可否認，迷因是 TikTok 能夠成功的一個關鍵因素。那些影片通常看起來只是無聊的遊戲之作，經不起邏輯分析。但經過足夠次數的曝光，就會開始出現公式。就好像所有的故事都可以濃縮成七個基本情節，[292] 影片迷因也可以分成固定的幾種類別。

　　揭露型迷因（Reveal memes）先有簡短的鋪陳，然後順著歌曲的結構發生戲劇性的轉變或揭露。劇情的鋪陳發生在序曲，接著就在主旋律或最動聽的部分開始的瞬間揭露真相，強化戲劇效果——將一則迷你故事濃縮在十五秒內。

　　史上最受歡迎的一些影片迷因都是揭露型迷因，如二〇一五年 Musical.ly 會成為美國 app 下載榜第一名，最初就是由「勿以貌取人挑戰」帶動起來的。其他著名的例子包括經典的「現世報」（二〇一七年的抖音）和「哈林搖」（二〇一三年的 YouTube）。

揭露	舞蹈	挑戰	濾鏡	概念
勿以貌取人	Shiggy 舞挑戰〈琪琪，你愛我嗎？〉	踢瓶蓋挑戰	鏡面反射挑戰	小熊軟糖挑戰

▍各種影片迷因格式

舞蹈迷因（Dance memes）是模仿一套新穎的舞步或手勢，搭配歌詞或歌曲的節奏。直立式影片的長寬比例特別適合展現一個人的舞姿。這一類迷因很受歡迎，因為參與的門檻極低，在房間自拍的青少年很容易就可以製作，只要移動身體或跟著歌詞動嘴就可以。Musical.ly 最早的人氣青少年網紅當中，很多就是擅長設計手勢來搭配歌詞，例如寶貝艾麗兒。

挑戰型迷因（Challenge memes）是完成一種困難、不愉快或需要技巧的任務。這種模式的早期例子包括二〇一四年的「冰桶挑戰」，參與的名人拍下自己將整桶冰倒在頭上，二〇一九年有著名的「踢瓶蓋挑戰」，二〇一六年在中國還有「A4 腰挑戰」，就是女生腰部裸露，只用 A4 紙遮住，凸顯身材纖細。

濾鏡迷因（Filter memes）主要是運用某種特效。字節跳動很快就明白，使用者可以採用創新好玩的擴增實境濾鏡來創造迷因。新推出的濾鏡可以完全解決創意不足的問題，製作出看起來很好玩的影片。在 TikTok，濾鏡很像主題標籤，可做為發現內容的方法，及早採用流行濾鏡的人就有機會得到高曝光，吸引眾多新的追蹤者。

一個有趣的例子是流行的「鏡反射挑戰」（二〇二〇年）。[293] 濾鏡的簡單功能是將螢幕左邊反射到右邊，使用者很快就拿來實驗，學會對齊臉部，創造出各種精彩的畫面和揭露效果。

概念迷因（Concept memes）就是字面的意思——表達一個概念，新穎但不難複製，複製時又可加上自己的變化。早期一個非影片的例子是二〇一一年流行在公共場合面朝下俯臥，名為「仆街」。[294] 另一個著名的例子是二〇一六年的「假人挑戰」。[295] 參與者行動到一半維持不動，像櫥窗裡的模特兒，同時攝影鏡頭緩緩掃過，整體效果就好像時間突然凝止。

一個值得注意的概念迷因是二〇一九年的「小熊軟糖挑戰」，[296] 由捷克 TikTok 使用者大衛・凱斯普雷克（David Kasprak）發起。愛戴兒

（Adele）的歌〈像你一樣的人〉（Someone Like You）唱到經典合唱部分時，攝影鏡頭緩緩掃過數百隻小熊軟糖，讓人覺得是熊在唱歌。熊熊大軍齊聲哀唱「沒關係，我會找到⋯⋯像你一樣的人」——集體的哀傷是那麼強烈。那支影片就像是讓人著迷的十五秒藝術品，因為沒有人類當主角反而更引人注意。

人氣影片迷因（Popular video memes）的難易度必須恰到好處。若太容易複製，很快就變無聊，若太複雜而難以模仿，又無法傳播開來。看過別人創作的迷因，較容易讓人聯想出新的變化，因為能提供熟悉的結構，將新的資訊整合進去。音樂是產生這些大腦聯想的最強大觸媒。

人腦自然會偵測環境中的模式。當新的 TikTok 影片開始播放〈舊城小路〉那一刻，觀看者便會將所見畫面與之前看過的所有〈舊城小路〉影片連結，立刻產生熟悉感，對接下來開展的內容有一定的預期。

〈舊城小路〉是特別強大的綜合作品——既是容易模仿的舞蹈迷因，又搭配「揭露」的效果——唱到副歌的部分，主角立刻變身為牛仔主題的裝扮。

隨著電視頻道 MTV 在一九八〇年代興起，專業製作的音樂影片已經普遍被接受。智慧手機和迷因則是促成一種新的類型誕生：「使用者製作的音樂影片」。有些藝術家為新歌作詞時，甚至會開始考量是否適合搭配短影音的手勢表演。

競爭對手的艱難處境

二〇一九年夏天，祖克柏站在門羅公園市臉書總部的講堂最前方，面對一群公司同仁。他正在進行員工問答時間，這是臉書的傳統，讓第一線員工和執行長之間維持直接的溝通管道。

現場一位工程師舉手問：「我們是否擔憂 TikTok 在青少年和 Z 世代中的文化影響力愈來愈大，我們有什麼攻擊計畫？」[297]

「TikTok 做得很好」，祖克柏的回答很明確。他舉出印度和美國的年輕人是兩大 TikTok 使用者族群，接著概述臉書打算如何對付這個新競爭者——推出仿效 TikTok 的 Lasso。臉書會先用 Lasso 瞄準 TikTok 還沒有深耕的市場如墨西哥，之後才會在 TikTok 已經占有一定地位的市場正面對決。

快轉到四個月後的十一月，Lasso 未能發揮重要的影響力，下載數不到五十萬，大部分集中在墨西哥。《紐約時報》（*New York Times*）一篇強烈批判的文章指出，TikTok 的很多影片有數十萬個讚，「幾乎相同的影片在 Lasso 通常只有幾十個」。[298] 他們又進一步實驗另一款模仿 TikTok 的「Reels」，這次是內建在 IG 裡，二〇一九年末開始在巴西市場試水溫。

二〇二〇年初，臉書營運長雪柔・桑德伯格（Sheryl Sandberg）公開承認，TikTok 讓他們感到憂心。她發現自己的小孩喜歡用 TikTok 後說：「我們當然會擔憂。」[299] 之後又補充說：「他們累積的使用者人數和累積的速度都是我們從未做到的。」

從中國開始的模式現在正在西方重現。當字節跳動做出突破性的產品時，最能與之競爭的網路巨擘未能體認其威脅性，真正體認到時卻又為時已晚。

二〇一二年，張一鳴嗅到商機，發現可以透過手機的動態消息提供聚合的內容，運用推薦技術提供個人化的使用經驗。當時字節跳動只有三十個人，以公寓當辦公室。這項服務需要很高的技術條件，中國當時第二大網路公司，搜尋巨擘百度，遠遠比字節跳動更有條件建立這項業務。但百度的領導階層未能體認這項商機的重要性。

同樣的，二〇一七年騰訊放棄直接在短影音領域競爭，關閉自己的服務微視，選擇以少數股份的方式投資當時的市場領導者快手。隨著抖音的使用量大爆發，騰訊匆忙重新進入競爭，但終究發現太遲了——抖音已經掌控市場。

　　臉書是這個模式的最新體現。他們的錯誤和騰訊有些類似。先前臉書正確地認知 Musical.ly 的潛力，一度認真考慮直接併購，但後來還是嚴重低估了 TikTok 的重要性。

　　騰訊的狀況或許情有可原，因為抖音在中國的崛起太快速，讓整個產業措手不及。臉書卻沒有這樣的藉口，他們明確知道抖音在中國的情形。字節跳動投資很不尋常的金額在臉書打廣告，為抖音的國際版獲取使用者，而抖音席捲中國的態勢可是遠遠超越 Musical.ly 在西方市場的成就。臉書可以反應的時機長很多，但不知是因為自大或「劍橋分析公司」（Cambridge Analytica）的醜聞，終究還是錯失大好機會。

　　相較於騰訊在中國模仿抖音的作為，臉書複製 TikTok 的嘗試很小兒科。騰訊很快動員數百人的團隊，以數億美元的補貼吸引影片創作者，在現有的產品系列大規模宣傳。反之，臉書只是選了幾個開發中國家保守測試，沒有更大的動作。

　　在中國，騰訊一旦明白抖音對他們的幾個核心事業造成嚴重的威脅，便採取行動，中止字節跳動在騰訊的所有產品上打廣告。反之，臉書和谷歌雖然知道 TikTok 現在是競爭對手，還是繼續讓這家中國公司在他們的各個平台打廣告，大撒幣將使用者轉移到 TikTok。

　　字節跳動的地位這時絕對還稱不上穩固，他們必須快速擴大規模。在美國市場要做到這一點，在那時候最有效的方法──如同臉書一位前員工的結論，「就是花幾十億美元的廣告費給未來的競爭對手，過程中放棄關於目標受眾與成功安裝的關鍵數據。」[300] 但這種不理想的狀況至少比在中國好太多了，中國的對手毫不猶豫拒絕拿字節跳動的錢。

　　Snapchat 創辦人伊凡・斯皮格（Evan Spiegel）對 TikTok 的看法稍微不同。儘管員工和分析師都表達憂心，指出兩款 app 的目標使用族群互相重疊，都是年輕人，這位執行長卻認為兩家公司並不是競爭關係。斯皮格在

法說會上提出他的評估：「我是從比較高的層次看 TikTok，絕對是把他們當作朋友。」也許比較適當的用詞是：「敵人的敵人就是朋友。」

二〇二〇年初在一場德國設計會議的小組討論中 [301]，斯皮格進一步談他怎麼看 TikTok，並提出一套模式來評價 TikTok 的內容，及其與別的社交網路 app（如他自己的 Snapchat）有何不同。

斯皮格將通訊科技區分成金字塔的三個層級，最底層是自我表達和溝通，他將之歸類為普遍性的行為，任何人都可以自在地做這些事。往上一層是「地位」，他認為「社交媒體的原始設計其實是關乎地位，讓人看到你有多酷，獲得按讚和評論。」他指出，「地位」比較難取得，吸引力建立在較狹隘的基礎上，互動頻率較低，因為「人們只有一週或一個月做一次很酷的事，不是每天」。

金字塔的最上層是「才能」。以才能為基礎的內容比建立在地位上的內容更有趣，由使用者創作內容來娛樂別人。製作這種內容需要時間和創意，較少人願意學習新的舞步或耐心地拍攝音樂影片。

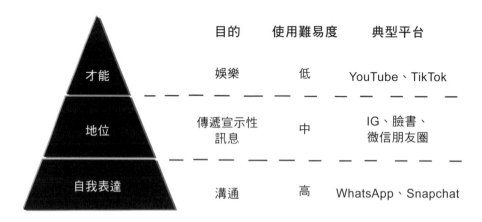

▌斯皮格的金字塔

TikTok 主要是娛樂平台，「社交」部分相對較弱，對多數使用者而言，除了讀寫評論以及為陌生人的評論按讚，幾乎沒有其他社交功能，類似多數人使用 YouTube 的狀況。斯皮格認為，娛樂型內容有潛力將人從那些比較以網紅為主的地位型內容拉開，因為比較好玩有趣。

金字塔模型可以說明斯皮格為何認為 TikTok 不是威脅。兩個平台的核心價值非常不同。TikTok 提供的是來自陌生人的娛樂內容，Snapchat 則是讓朋友相互連結。

TikTok 可以視為智慧手機時代真正的電視繼承者，簡單的上滑動作就可載入下一支影片，心理上很類似用遙控器轉換電視頻道。又因為不確知接下來會看到什麼，更能引發足以讓人上癮的期待心理。

你完全不需要註冊帳號、訂閱頻道、加朋友或花心力選擇看什麼內容，就能使用 TikTok。就像電視一樣，只要打開就可以了。容易取得又很直覺，TikTok 是可以讓人放空和放鬆的地方。

護城河在哪裡？

這麼簡單就能引導使用者入殼，又不需仰賴傳統的社交圖譜，讓很多人想不通，TikTok 的「護城河」究竟在哪裡。那些口袋很深、基礎穩固的競爭對手為什麼沒有跳進來侵蝕它的市占？

事實是，與 TikTok 競爭的美國公司會遭遇當年和抖音競爭的中國公司完全一樣的阻礙。要做出基本的 TikTok 複製品，取得少部分市場很容易。但現在 TikTok 已站穩市場，要創造優質版的 TikTok 非常困難。

TikTok 在自動化影片分類和內容推薦系統上掌握優勢，只有最大的網路公司擁有資源可以實際上和 TikTok 一較長短。這些技術讓 TikTok 能夠提供完美符合使用者需求的長尾內容，這又會進一步強化既有的內容優勢。使用者花愈多時間在 TikTok 上，他們的興趣圖譜會變得愈詳盡。簡單的說

——你愈使用 TikTok，它就變得愈個人化。這個因素讓任何複製 TikTok 的 app，初期的使用經驗一定會很難與之媲美。

TikTok 還有一些技術是競爭對手難以匹敵的，例如運用先進的電腦視覺技術進行影片的自動分類與標記。此外，TikTok 也持續推出新穎富創意的擴增實境濾鏡。

TikTok 已經成為音樂短影音的同義詞，這是對品牌的強力認證，因為 TikTok 已在一般大眾之間達到關鍵多數的心占率，成為日常用語。如果你說「我們來拍 TikTok」，不必解釋別人就懂。TikTok 吸引的使用者愈多，就會創造愈多話題。永遠有人想要與眾不同，但多數人都會跟著眾人的腳步走。

TikTok 最強大的防衛力可能是由優秀的影片創作者構成的豐富生態系。這些人投注時間和創意，為平台製作出對他們的利基觀眾（niche audience）既即時又有意義的獨特內容。TikTok 擁有非常多樣又有活力的創作者生態系。建立這樣的社群需要時間，無法輕易大規模重製。有心與 TikTok 打對台的潛在新競爭者要冒著一個風險，就是遭遇與微視一樣的問題——人們會試用看看，但一旦發現內容較差就會放棄，回到 TikTok 的懷抱。

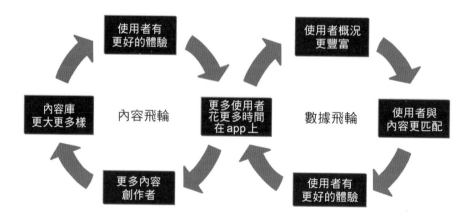

▌TikTok 的兩個良性循環飛輪

　　培養健康的創作者生態系需要三個條件。第一，使用者必須變成創作者。第二，創作者必須能找到他們的觀眾，吸引追蹤者。最後一點，必須有方法讓他們直接或間接因為吸引追蹤者而獲利。

　　TikTok 這三個步驟都考慮到了。將使用者變成創作者的藝術，在於大力強化迷因的運用，以此架構提供靈感與激勵更多人創作。影片可以在不同地區間移動，發揮「教材」的作用，讓使用者知道可以如何表現。支援這一切的是最頂級、使用起來很直覺的影片編修工具，以及不斷增添新的好玩濾鏡。

　　由於 TikTok 透過付費廣告快速吸收新的使用者，創作者可以輕易在這裡累積追蹤數。網路上常聽到有人憑藉著頂多只能算「很普通的內容」，就快速累積大量的追蹤者。這種現象當然不是 TikTok 獨有，隨著新內容平台快速崛起，自然衍生出新式的網紅，因為內容供需短暫不平衡而跟著平台一起成長。知名的老牌平台如 IG 則是出現相反的現象，有太多高品質的作品競奪眼球。

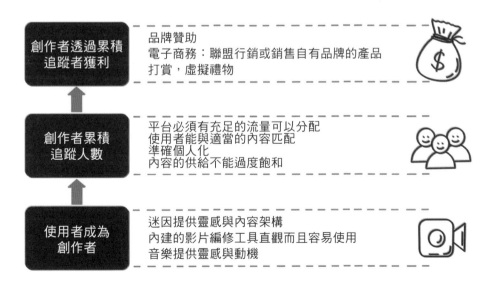

▌ TikTok 透過上述三個步驟，將使用者變成長期的高品質創作者

　　獲利是最具挑戰性的一步。你要如何利用這麼多使用者的注意力擷取價值？對多數人而言，定期創作高品質的影片內容是全職的工作。如果沒有辦法透過帳戶持續維持生計，創作者會感到很挫折，最後帶著追蹤者移到另一個平台，或乾脆不再創作。

　　很多網紅找到間接的方式幫品牌贊助或做軟性廣告活動（soft ad promotions）。為了進一步促成這種合作，TikTok 設立一個專門媒合品牌與創作者的市場，[302] 同時測試在中國已證明有效的獲利方法，包括在影片嵌入商店連結，讓人可以購買看到的商品。

　　另外 TikTok 也將另一項已證明有效的策略加以調整，設立「創作者基金」，補貼達到一定標準的網紅。二〇二〇年，他們宣布成立基金，剛開始的規模是二億美元，三年間在美國成長到十億美元。[303]

　　為了管理這個基金和其他許多計畫，TikTok 的美國團隊必須大幅擴充。快速讓這麼多員工進入狀況也許是最大的挑戰。

建立美國TikTok

　　張一鳴現在多數時間都在中國以外，快速進行國際擴充的各項工作，為全球事業的領導團隊尋覓人才。中國的業務則由他所信任的高階主管張楠和張利東掌管。

　　張一鳴在公司八週年紀念寫給員工的信中，[304] 公開揭露公司二〇二〇年的目標：要讓員工數達到十萬人。如此將超越臉書和騰訊，且新聘雇人員大部分會是在海外。

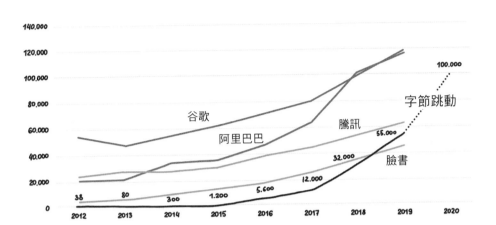

■ 字節跳動從創立到二○二○年，員工數的變化，圖中與其他知名網路服務公司並列比較 [305]

聘雇重要職位時，張一鳴採取的是已證明有效的一貫做法——積極爭取最優秀的人才，提供優厚的報酬。二○一九年二月在美國聘雇了第一個重要人物——凡妮莎・佩帕斯。[306] 她在 YouTube 服務七年，一路竄升成為全球創意總監，專精於網紅與名人的成長策略，進入 TikTok 後擔任美國總經理。

四個月後，在臉書擔任副總十二年的布雷克・錢德利跳槽到 TikTok。有人問他為什麼加入 TikTok，他回答：「TikTok 的各項指標都很驚人。」[307] 在微軟待了二十五年的資深主管艾瑞克・安德森（Erich Andersen）也加入成為「全球總顧問」，前美國空軍戰鬥安全專家羅蘭・克魯蒂耶（Roland Cloutier）則成為「全球首席安全官」。

到二○一九年末，字節跳動已經開始在臉書門口做起生意，搬進原本屬於通訊 app WhatsApp 的辦公空間，一點時間都沒浪費立刻挖角臉書員工，提供的薪水甚至可以高出二○％。[308] 二○二○年五月新聞報導，TikTok 已在紐約時代廣場租下六千五百坪的黃金辦公空間。[309]

TikTok 席捲美國，字節跳動建立了中國第一個真正全球性大熱門的網路產品，遠遠超越對手騰訊和阿里巴巴在國際市場的斬獲。矽谷令人生畏的巨擘這回對這家新興企業反應太慢，坐視字節跳動放肆主宰短影音市場。

TikTok 二〇一九年的收入與其中國業務相較遜色許多。但這是未來的成長引擎，這項產品將帶動公司邁向中國以外的下一個發展階段。

橫跨中國與西方讓字節跳動站在獨一無二的優勢地位。循著抖音發展出來的廣告收入模式，TikTok 的潛在收入很龐大。不僅很有可能成為公司的金雞母，還可以發揮敲門磚的作用，為其他服務開拓市場。字節跳動可以將部分廣告庫存分配給自己的產品系列，以很低的成本快速精準地鎖定與獲取全球各地的使用者，不必將錢和資料交給壟斷網路廣告的兩大守門員——臉書和谷歌。

隨著新冠肺炎的疫情在二〇二〇年初蔓延各國，人們被迫在家隔離數週，甚至數月。航空公司、飯店、餐廳紛紛倒閉，網路娛樂的需求卻大爆發，使得 TikTok 的下載數創下新高。當人們承受壓力和無聊的雙重痛苦無法解脫，迫切想要轉移注意力，TikTok 是完美解方。下載數和使用者參與度（user engagement）因此大幅提高，尤其是在美國。到二〇一九年十月，TikTok 在美國的每月使用人數將近四千萬，八個月後，更成長到超過九千一百萬。[310]

他們已經集結了產業老將組成的強大團隊，但張一鳴還有更大野心。二〇二〇年五月，新聞報導他的最新斬獲——迪士尼高階主管凱文・梅爾也加入字節跳動。此事在美國商界引發震撼，這時大家對 TikTok 的母公司還沒有多少認識。此舉可是簽下美國最受尊敬的公司之一的高階領導者，極具代表意義。梅爾的職銜是 TikTok 的執行長和字節跳動的營運長，中國的業務直接向張一鳴報告。

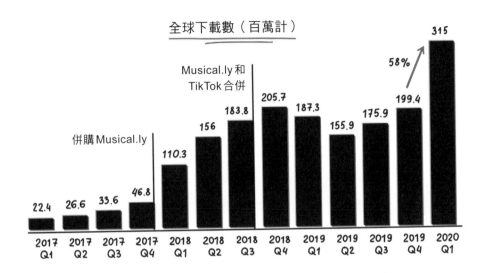

全球下載數（百萬計）

Musical.ly 和
TikTok 合併

併購 Musical.ly

58%

315
199.4
205.7
187.3
175.9
183.8
156
155.9
110.3
46.8
22.4 26.6 33.6

| 2017 Q1 | 2017 Q2 | 2017 Q3 | 2017 Q4 | 2018 Q1 | 2018 Q2 | 2018 Q3 | 2018 Q4 | 2019 Q1 | 2019 Q2 | 2019 Q3 | 2019 Q4 | 2020 Q1 |

▎ **TikTok 的全球季度下載數** [311]

　　TikTok 的崛起讓美國的科技業措手不及。我們開始經常看到長篇文章 [312] 和深入分析，探討 TikTok 的背景和創新。[313] 到二〇二〇年中，TikTok 已經大到不容忽視，下載數達到驚人的二十億次，[314] 可能是世界上最熱門的平台。

　　情勢簡直好到讓人無法置信。

後記

「我們在盯著 TikTok，可能會把它禁掉，也可能採取其他行動。」
——川普 [315]

　　一年的改變多麼巨大。我開始撰寫本書時的世界和今日的世界相較似乎非常遙遠。

　　疫情讓我們的生活天翻地覆。在家工作、禁止旅行、戴口罩已成了日常。中印邊境的軍事衝突導致二十名印度士兵死亡。包括 TikTok 在內的五十九款 app 因此從印度的 app 商店下架。印度是 TikTok 最大的市場，大約占全球使用者三分之一。

　　我想我在二〇一九年夏天開始寫這本書時，川普甚至可能從來沒有聽過 TikTok。很難想像 TikTok 過去幾個月，在美國的命運可以有更戲劇化的發展，竟然會捲入全球地緣政治對立和美國的大選。此刻（二〇二〇年九月），字節跳動正對川普總統採取法律行動，因為他們被迫分拆，售出 TikTok 的一部分──包括微軟和甲骨文等競標者都在爭奪這塊肥肉。TikTok 在美國的命運還在未定之天。*

　　與其任意做出幾天之內必然就會過時的揣測，我決定本書到此為止。我在本書一開頭概述本書的目標是貢獻些許價值，增進大家對於 TikTok、字節跳動、短影音如何興起、中國網路公司整體狀況的討論和了解。寫了十萬字之後，我覺得還只是搔到皮毛。

　　書中內容的取捨是艱難的抉擇，很多方面我遺憾沒有時間更詳盡闡述和探索，包括：張一鳴對於「將公司當作產品來經營」的執著，TikTok 被禁之前對印度鄉村的深遠影響，二〇一四年因內容智財權的問題引發媒體對頭條的反彈，字節跳動進軍企業軟體、遊戲、教育科技的作為等等。

　　我可以確定的是這不會是關於字節跳動這家公司的最後一本書，字節跳動和 TikTok 的故事正未完待續……

---

* 美國總統拜登（Joe Biden）已於二〇二一年六月九日撤銷川普對 TikTok 的行政命令。

人物列表

以下是本書提到的人物，依照英文名字的字母順序排列。

艾力克斯·霍夫曼（Alex Hofmann），前 Musical.ly 北美總裁，被字節跳動併購後離職

朱駿，Musical.ly 的共同創辦人，後任 TikTok 執行長

張小龍，微信和 Foxmail 的創辦人，騰訊的高級執行副總

艾麗兒·蕾貝嘉·馬汀（Ariel Rebecca Martin），又名寶貝艾麗兒（Baby Ariel），社交媒體網紅，二〇一六到二〇一八年追蹤數最多的 Musical.ly 帳戶

布雷克·錢德利（Blake Chandlee），二〇一九年六月加入 TikTok，擔任谷歌商業解決方案副總，曾在臉書擔任谷歌全球夥伴關係副總十二年

曹歡歡，資深演算法架構師，曾任北京字節跳動的首席研究工程師

陳華，酷訊共同創辦人和前執行長

陳林，字節跳動高階主管，曾任頭條執行長，現在負責創新產品和教育，員工編號十二

陳雨強，前百度工程師，對於改善頭條的演算法推薦能力扮演重要角色

克萊門·拉芬諾（Clément Raffenoux），Mindie 的共同創辦人與首席產品長

艾瑞克·安德森（Erich Andersen），微軟前智財權首席顧問，二〇二〇年加入字節跳動擔任全球總顧問

傅盛，Musical.ly 的早期投資人，獵豹移動的執行長，對於 Musical.ly 的

併購案掌握否決權

高寒，字節跳動員工編號二十二，資深使用者介面（UI）設計師

葛雷哥里・亨利昂（Gregoire Henrion），法國連續創業家、Mindie 的共
同創辦人和執行長，後來是匿名提問 app YOLO 的共同創辦人和執行
長

谷文棟，字節跳動財務副總，曾擔任 CreditEase 大數據創新中心的副總經
理

洪定坤，字節跳動技術副總

黃河，字節跳動最早的開發者，負責建立最早的 app

華巍，字節跳動資深高階主管，主要負責策略投資和人資，領導公司早期多
項投資

詹姆斯・維拉帝（James Veraldi），Musical.ly 前產品策略主管

A 咖傑森（Jason Derulo），第一位擁抱 Musical.ly 的知名歌手與詞曲作
家，有一支音樂影片在該平台首播

吉米・法倫（Jimmy Fallon），第一個公開為 TikTok 背書的網路主流名人。
二〇一五年促成 Musical.ly 大受歡迎的《對嘴名人生死鬥》（*Lip-Sync
Battle*）是《吉米 A 咖秀》（*Jimmy Fallon Show*）的衍生節目

王瓊，張一鳴信任的好友，字節跳動最重要的投資人，中國海納的常務董事

喬納斯・德呂佩爾（Jonas Druppel），Dubsmash 的德國共同創辦人和執
行長

張楠，字節跳動中國執行長。原本是抖音執行長，也曾短暫負責管理
TikTok

凱文・梅爾（Kevin Mayer），迪士尼前高階主管。二〇二〇年五月加入成
為字節跳動的營運長和 TikTok 的執行長，同年八月辭職

木下優樹菜（Kinoshita Yukina），第一位贊助 TikTok 的日本名人

梁汝波，張一鳴的好友，南開大學的室友，字節跳動員工編號三，承擔數種資深技術職位，後來負責人資部門。將於二〇二一年底繼任執行長

納斯小子（Lil Nas X），本名蒙特羅・拉瑪・希爾（Montero Lamar Hill），網路詞曲作家，他創作的〈舊城小路〉（Old Town Road）是告示牌百大單曲榜有史以來雄踞榜首最久的歌曲，透過 TikTok 推升人氣

劉峻，字節跳動的早期投資人

劉新華，國際字節跳動前總裁，後來擔任快手的首席增長官，現任高榕資本的投資合夥人

柳甄，曾任中國 Uber 的策略主管，後來負責字節跳動的國際策略。她是聯想創辦人柳傳志的姪女

陽陸育，Musical.ly 的共同創辦人

祝子楠，Musical.ly 前副總裁，目前負責字節跳動的獲利策略

黃共宇，透過 Starling Ventures 成為字節跳動的天使投資人。他是加密資產投資公司 Paradigm 的共同創辦人，紅杉資本（Sequoia Capital）的前合夥人

沈南鵬，紅杉資本的創始人與管理合夥人，字節跳動的投資人

尼克希爾・甘地（Nikhil Gandhi），擔任印度 TikTok 的領導者直到被禁用，過去是印度迪士尼的副總

馬化騰，騰訊的共同創辦人和執行長

李彥宏，中國搜尋引擎百度的共同創辦人和執行長

羅蘭・克魯蒂耶（Roland Cloutier），網路安全專家，曾任職美國空軍與國防部，二〇二〇年加入字節跳動

周受資，尤里・米爾納（Yuri Milner）的投資公司數位天空科技（DST）北京辦公室的前合夥人，在米爾納參與字節跳動的第二輪投資時擔任顧問

賽門・柯辛（Simon Corsin），Mindie 的共同創辦人和技術長

史丹尼斯拉斯・柯賓（Stanislas Coppin），Mindie 的共同創辦人和增長官

宿華，中國第二受歡迎短影音 app 快手的執行長

龔挺，領導中國海納的私募與創投業務

凡妮莎・佩帕斯（Vanessa Pappas），TikTok 第一位負責美國市場的總經理，曾任 YouTube 的高階主管，二〇一九年二月加入

王曉蔚，抖音的第一位產品經理

王興，網路連續創業家，張一鳴的朋友，校內網、飯否和美團的創辦人

韋海軍，獵豹移動投資的前總經理，領導獵豹移動對 Musical.ly 的第一輪投資

吳世春，酷訊的共同創辦人和營運長

項亮，前 Hulu 員工，目前在字節跳動的 AI 實驗室擔任研究員，著名事蹟是拒絕將他的著作《推薦系統實踐》的早期版本提供給張一鳴

謝欣，企業效率副總，曾在酷訊與張一鳴共事

嚴授，字節跳動的資深高階主管，主要負責策略、投資和遊戲

楊震原，字節跳動很重要的技術主管，推薦演算法業務副總，二〇一四年加入，曾在百度服務九年

尤里・米爾納（Yuri Milner），俄羅斯投資家，企業家，慈善家，字節跳動的早期投資人

札克・金（Zach King），人氣視錯覺影片創作者，是 TikTok 目前最有人氣的帳戶之一

張漢平，張一鳴之父

張利東，中國字節跳動的董事長，二〇一三年加入，曾任《北京時報》的記者與副總

張禕，抖音第二位產品經理

張一鳴，字節跳動的執行長與創辦人

周秉俊，Musical.ly 前營運副總

周鴻禕，網路安全公司奇虎 360 的共同創辦人、董事長、執行長

周子敬，字節跳動的天使投資人

朱文佳，二〇一五年從百度跳槽字節跳動，負責實施抖音的推薦系統，後來擔任頭條的執行長

字節跳動的app

字節跳動的 app 真的很多！

下面列出最重要的 app，做為本書的參考資源。但這並不是所有 app 的完整清單。

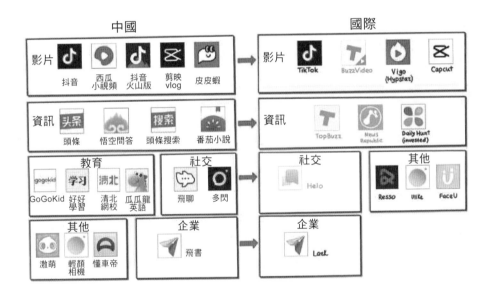

營運中（中國）

註：極速版 app 未列出

头条	頭條	新聞聚合

	抖音	短影音
	西瓜小視頻	短影音
	抖音火山版	短影音（中國版）
	剪映	影片編輯
	多閃	影音通訊
	皮皮蝦	迷因與笑話影片
	飛書	企業生產力
gogokid	GoGoKid	幼稚園到十二年級的教育
	懂車帝	汽車
	悟空問答	問答平台

	激萌	美顏自拍相機
	飛聊	興趣為主的社交
	頭條搜索	搜尋引擎
	清北網校	幼稚園到十二年級的教育
	輕顏相機	美顏自拍相機
	番茄小說	閱讀
	瓜瓜龍英語	幼稚園到十二年級的語言學習
	好好學習	教育

營運中（國際）

	短影音
	影片剪輯

	美顏自拍相機
	印度音樂串流app

	企業生產力		美顏自拍相機
	印度新聞聚合		地方新聞聚合

已停用

	迷因聚合	被政府批判而關閉
	短影音	併入 TikTok
	短影音	併入 Virgo 影片
	新聞聚合	
	印度市場	
	新聞聚合	
	短影音	

附註

1　中文中的姓氏在名之前。以張立東為例，張為姓，立東為名。

2　圖：點擊農場設備。殭屍手機疊在架上，使用自動化軟體遙控操作。

3　https://www.youtube.com/watch?v=AnpetUlz19A&list=UUXNHI7mRQl
UN-pLi6rOwOxg&index=63

4　https://youtu.be/2sUt-9-2Pxo?t=26

5　圖片取自來源文章：http://www.woshipm.com/it/2484849.html

6　觀看完成（complete view）的定義是從頭到尾看完整支影片。

7　被「隱形禁止」的影片無法讓任何觀眾看到，但在帳戶頁仍可看到。對帳戶所有人
而言，只會覺得影片很沒有人氣。

8　圖：張一鳴在Musical.ly上海總部。引言出處：https://time.com/collection/100-
most-influential-people-2019/5567716/zhang-yiming/

9　https://kknews.cc/tech/oplx28o.html

10　一鳴驚人

11　http://cunwu.cuncun8.com/index.php?ctl=village&geo-Code=7659 7251

12　https://new.qq.com/omn/20190529/20190529A0QZQV.html

13　https://www.sohu.com/na/349348869_766689?

14　https://www.tmtpost.com/3145145.html

15　畢業紀錄考試（Graduate Record Examinations），美國與加拿大許多研究所規
定必考的標準考試。

16　https://tech.sina.com.cn/i/2018-08-02/doc-ihhehtqf3594606.shtml

17　http://www.iceo.com.cn/com2013/2016/1129/302109.shtml

18　中國早期的網路使用者在網路認識後來的配偶並不奇特。大家都知道騰訊的執行長
馬化騰是透過公司的通訊軟體QQ認識他的妻子。

19　https://new.qq.com/omn/20191226/20191226A0AB5D00.html

20　https://www.sohu.com/na/349348869_766689?

21　http://goodyomo.com/archives/155

22　http://www.fjydyz.net/plus/view.php?aid=5329

23 https://www.scmp.com/magazines/style/news-trends/article/3023093/how-did-tiktoks-zhang-yiming-become-one-chinas-richest

24 中國字節跳動員工的平均年齡只有二十六歲。資料來源：https://medium.com/@ming_ma/how-to-work-with-people-who-are-10-years-younger-than-you-71cd378b30e

25 http://www.startup-partner.com/3654.html

26 自動退出的原因，是公司在部落格貼文裡所謂「中國對本公司基礎設施做出高度複雜與針對性的攻擊，導致智財權被盜」。
https://googleblog.blogspot.com/2010/01/new-approach-to-china.html

27 微軟亞洲研究院（Microsoft Asia Research Institute）有點類似中國頂尖AI人才的西點軍校，中國最有名的AI新創公司有很多高階主管和具影響力的執行長都在此受過訓。很多人自述在微軟亞洲研究院的經驗時，說法比張一鳴正面。

28 https://www.ixigua.com/pseries/6805466361402229262_6805110223536128515/

29 http://news.bbc.co.uk/2/hi/asia-pacific/8135203.stm

30 https://www.huxiu.com/article/144262.html

31 http://usa.chinadaily.com.cn/business/2012-04/14/content_15047719.htm

32 https://www.sohu.com/na/349348869_766689?

33 https://baike.baidu.com/item/%E4%B9%9D%E4%B9%9D%E6%88%BF

34 圖片來源：http://www.pc6.com/az/79802.html

35 海納帶領字節跳動的第一輪投資，二〇一一年十二月的A+輪包含一百萬美元的過渡性融資（bridge loan），另外也大力投入翌年的第二輪投資。資料來源：https://www.cmtzz.cn/news/29846

36 https://www.huxiu.com/article/268415.html

37 https://www.huxiu.com/article/144262.html

38 http://www.sig-china.com/index.php?/category/home

39 https://www.huxiu.com/article/144262.html

40 圖片來源：百度地圖街景。

41 圖片來源：https://v.douyin.com/3sYmyX/

42 https://www.youtube.com/watch?v=KlI1MR-qNt8

43 考慮過的其他名稱包括字節舞動和字節跳躍。

44 搞笑囧圖

45 內涵段子

46 考量公司後來遭到指控，我要澄清一點，我並未發現有證據顯示app「真實美女

──每天一百位漂亮妹妹」上有色情內容。但字節跳動確實有遊走法律邊緣的跡象，該app的敘述包含引人遐想的承諾：「最亮點的是，每天還有福利圖貢獻哦！這事兒不說太細，相信您懂的！」
https://apptopia.com/google-play/app/com.ss.android.gallery.ppmm.google/intelligence

47　https://dy.163.com/article/EKI5CPM50511D84J.html

48　https://m.huxiu.com/article/141687.html

49　英文簡稱頭條。

50　https://www.pingwest.com/a/61954

51　http://tech.sina.com.cn/i/2014-06-05/04399418360.shtml

52　字節跳動早期的營運計畫可在此下載：https://www.slideshare.net/MatthewBrennan6/toutiao-2013-jan-series-b-funding-deck

53　news.ifeng.com/

54　獨角獸公司是估值超過十億美元的私營新創事業，若超過一百億美元則稱為超級獨角獸或十角獸（Decacorn）。

55　http://en.zhenfund.com/About

56　https://3g.163.com/v/video/VUSCJ8RK6.html

57　https://www.ixigua.com/i6797655980998918668/?

58　讓人遺憾的是賈伯斯那年十月去世，儘管健康惡化，他仍然出席活動直到六月。

59　這是新創事業初期避免設定估值的常見募資方式，之後可將可轉換公司債轉變為一定數量的普通股或等值現金。

60　https://www.quora.com/What-is-it-like-to-get-funded-by-Y-Combinator

61　https://techcrunch.com/2011/01/29/90-of-y-combinator-startups-have-already-accepted-the-150k-start-fund-offer/

62　該投資是透過基金Apoletto──那是米爾納慈善基金會的投資工具。撰寫本書時，字節跳動在私募股權二級市場（private secondary markets）的估值據說達千億美元之譜。

63　https://www.ixigua.com/pseries/6805466361402229262_6805715182820524556/?二〇一六年騰訊少量投資字節跳動1.72%的股權，但之後賣掉了。
https://www.theinformation.com/articles/tencent-xiaomi-invested-in-tiktoks-parent-bytedance

64　應用程式介面是一套規範兩種軟體元件如何互相溝通的公認規則。

65　https://www.ixigua.com/i6640043697771659783/?

66　https://techcrunch.com/2012/12/05/prismatic/

67 http://yingdudasha.cn/

68 圖片來源：https://m.weibo.cn/2745813247/3656157740605616

69 https://www.theverge.com/2017/8/30/16222850/youtube-google-brain-algorithm-video-recommendation-personalized-feed

70 https://www.sfgate.com/business/article/YouTube-s-effort-to-get-people-to-watch-longer-2352967.php

71 https://www.businessinsider.com.au/youtube-engineer-christos-goodrow-on-recommendation-engine-2015-7

72 https://dl.acm.org/doi/10.1145/1864708.1864770

73 這裡「欠缺元數據」是指影片上傳時沒有標註關鍵字或準確的標題和敘述。

74 https://glinden.blogspot.com/2011/02/youtube-uses-amazons-recommendation.html

75 https://www.datanami.com/2014/07/17/inside-sibyl-googles-massively-parallel-machine-learning-platform/

76 https://www.theverge.com/2017/8/30/16222850/youtube-google-brain-algorithm-video-recommendation-personalized-feed

77 圖片來源：塔夏‧錢德拉（Tushar Chandra），谷歌研究（Google Research）的主任工程師（Principal Engineer），Sibyl計畫的領導者之一。

78 https://www.bilibili.com/video/av49873394/

79 https://www.tmtpost.com/84589.html

80 接下來幾頁的說明係依據張一鳴最早提出的廣泛觀察加以延伸和概念化。

81 選擇的年份不是指第一次使用，而是該方法成熟時──這種選擇方式是否恰當在很多時候確實是可以爭辯的。

82 訂閱制這種付費方式確實有助於大型網路公司如網飛和Spotify的崛起。

83 https://en.wikipedia.org/wiki/StumbleUpon

84 http://www.cs.umd.edu/~samir/498/Amazon-Recommendations.pdf

85 http://economy.gmw.cn/2018-03-23/content_28080924.htm

86 https://bits.blogs.nytimes.com/2013/03/14/the-end-of-google-reader-sends-internet-into-an-uproar/

87 https://tech.qq.com/a/20130314/000123.htm

88 https://www.wired.com/2013/06/why-google-reader-got-the-ax/

89 https://www.washingtonpost.com/business/technology/facebook-to-change-news-feed-to-a-personalized-newspaper/2013/03/07/b294f61e-8751-11e2-98a3-b3db6b9ac586_story.Html

90　這個立場後來軟化很多。現在微信有數種推薦內容。

91　這本書（只限中文版）可在這裡找到：https://github.com/jzmq/book/blob/
master/novel/%E6%8E%A8%E8%8D%90%E7%B3%BB%E7%BB%9F%E
5%AE%9E%E8%B7%B5.pdf

92　網飛二○○九年舉辦改善推薦演算法的競賽，獎金一百萬美元，項亮的團隊是第二
名。

93　http://www.nbd.com.cn/articles/2019-03-14/1310042.html

94　Zhu Wenjia（Chinese: 朱文佳）

95　https://www.leiphone.com/news/201801/cEc03ORUAeiwytnC.Html

96　簡報幻燈附註解https://cloud.tencent.com/developer/article/1052655

97　https://blog.ycombinator.com/the-hidden-forces-behind-toutiao-chinas-
content-king/

98　https://youtu.be/raIUQP71SBU?t=1265

99　https://blog.ycombinator.com/the-hidden-forces-behind-toutiao-chinas-
content-king/

100　http://www.wujimy.com/09/04/16/28503.html

101　https://www.sohu.com/a/337627735_117091

102　https://product.pconline.com.cn/itbk/bkxt/1507/6670604.html

103　作者註：二○一三年我住在重慶時買了三星安卓裝置，就有過這樣的體驗，留下有
趣的回憶——我花了幾個小時嘗試刪除預先安裝在上面的新浪微博卻刪不掉。

104　https://zhuanlan.zhihu.com/p/53255283

105　http://tech.sina.com.cn/i/2016-12-14/doc-ifxypipt1331463.shtml

106　https://www.pingwest.com/a/51495

107　法定代表人有法律責任要確保公司維持良好信譽，同時也是公司所有營運活動的簽
署人。

108　http://tech.sina.com.cn/csj/2019-07-17/doc-ihytcerm4337365.shtml

109　https://www.theguardian.com/environment/2007/mar/26/globalwarming.china

110　http://auto.sina.com.cn/news/2008-04-19/1529367261.shtml

111　https://zh.wikipedia.org/wiki/%E4%BA%AC%E5%8D%8E%E6%97%B6%
E6%8A%A5

112　https://finance.sina.com.cn/chanjing/gsnews/2020-03-14/doc-iimxy
qwa0378441.shtml

113　https://blog.ycombinator.com/the-hidden-forces-behind-toutiao chinas-
content-king/

114 資料來源：華聖證券（Huacheng Securities）。

115 http://zqb.cyol.com/html/2015-10/16/nw.D110000zgqnb_20151016_1-08.htm

116 圖片來源：http://www.wuzhenwic.org/n_6821.htm

117 http://zqb.cyol.com/html/2015-10/16/nw.D110000zgqnb_20151016_1-08.htm

118 http://tech.sina.com.cn/i/2016-11-28/doc-ifxyawmm3696549.shtml

119 九九六是中國常見的辛苦工時，早上九點到晚上九點，一週六天。

120 https://www.leiphone.com/news/201502/rwfBdJFFBcjKWdoq.html

121 圖片來源：https://hihocoder.com/contest/challenge15

122 這個時期值得注意的影片app包括SocialCam、Viddy和Mobli。

123 https://techcrunch.com/2013/10/17/mindie-is-an-immersive-music-and-video-jukebox-app-done-right/

124 推出後不久便因使用者的反饋延長到十秒。

125 Product Hunt創辦人萊恩・胡佛（Ryan Hoover）和TechCrunch的資深作家羅曼・迪列特（Romain Dillet）是著名的Mindie網路擁護者。

126 https://thenextweb.com/apps/2013/10/17/mindie-like-vine-pop-music-soundtrack/

127 圖片來源：https://youtu.be/ibjbxRBMI30?t=175

128 https://youtu.be/wTyg2E44pBA?t=111

129 https://twitter.com/bullshitting/status/257573228887805952

130 https://www.ebaotech.com/

131 http://xiamag.com/41260.html

132 Chinese name賽諾網http://xiamag.com/41260.html

133 https://crcmventures.com/

134 https://www.forbes.com/sites/mnewlands/2016/06/10/the-origin-and-future-of-americas-hottest-new-app-musical-ly/

135 由於所有合理的.com名稱都早就被占用了，當時美國的網路新創事業流行使用.ly來解決問題（例如Bit.ly、Feedly、Strikingly和Grammarly）。理論上.ly是非洲國家利比亞的國碼網域，但似乎沒人在乎。

136 http://tech.163.com/14/1118/19/ABBTTNOK00094ODU.html

137 https://supchina.com/2017/09/13/can-pop-music-connectteens-china-world-musical-ly-co-founder-louis-yang-wants-find/

138 https://36kr.com/p/5041108

139 http://www.icamp.ai/

140 這些帳戶很多還可以在TikTok上透過搜尋「temporality」（時間性）找到

141 迷因一詞是理查‧道金斯（Richard Dawkins）在一九七六年的書《自私的基因》（*The Selfish Gene*）裡創造的，用以解釋觀念如何複製、突變、演化──稱為迷因學（memetics）。

142 https://en.wikipedia.org/wiki/Harlem_Shake_(meme)

143 https://en.wikipedia.org/wiki/Ice_Bucket_Challenge

144 https://kknews.cc/media/vg4may.html

145 重度仰賴「營運」是中國網路業的特色之一，例如阿里巴巴就是極度講求營運的最著名公司。以營運為重在中國如此風行又有效，勞力便宜只是原因之一。這個做法本身主要是因應更廣大的網路宏觀環境而生〔好比封閉的生態、關鍵意見領袖行銷法、難以採用高品質可擴充的定向廣告（ad targeting）、無法發揮搜尋引擎優化（SEO）的效果等〕。

146 Walkthrough of Dubsmash, April 2015 https://youtu.be/xDDHkz18c-k?t=85

147 https://www.paramountnetwork.com/shows/lip-sync-battle

148 日期來源：App Annie

149 https://zhuanlan.zhihu.com/p/27878425

150 https://www.youxituoluo.com/120223.html

151 至二〇一六年十二月三十一日，獵豹移動大約持有Musical.ly一七‧四％的股權。

152 https://www.youtube.com/watch?v=KmtzQCSh6xk

153 https://www.youtube.com/watch?v=8f7wj_RcqYk

154 http://www.justjared.com/2017/08/03/baby-ariel-reveals-how-her-musical-ly-name-was-invented/

155 https://www.youtube.com/watch?v=LNwqJNi80Rc

156 https://en.wikipedia.org/wiki/Baby_Ariel

157 https://www.forbes.com/sites/mnewlands/2016/06/10/the-origin-and-future-of-americas-hottest-new-app-musical-ly-/#7ee844285b07

158 https://cn.nytimes.com/technology/20160919/a-social-network-frequented-by-children-tests-the-limits-of-online-regulation/en-us/

159 資料來源：https://youtu.be/zNGZCO7aISA?t=23

160 https://www.wired.co.uk/article/musically-lip-sync-app

161 https://www.crunchbase.com/search/funding_rounds/field/organizations/last_funding_type/musical-ly

162 http://www.ccidnet.com/2016/0623/10149446.shtml

163 https://youtu.be/ey15v81pwII?t=96

164 https://youtu.be/ey15v81pwII?t=265

165　https://v.youku.com/v_show/id_XODU3NDEyNTcy

166　https://youtu.be/E3aOxgyMUqk?t=188

167　https://youtu.be/ey15v81pwII?t=237

168　提案：https://v.qq.com/x/page/z002582m7e0.html

169　https://www.sohu.com/a/205007924_247520

170　https://supchina.com/2017/09/13/can-pop-music-connect-teens-china-world-musical-ly-co-founder-louis-yang-wants-find/

171　https://cn.technode.com/post/2016-09-20/toutiaohao/

172　https://www.pingwest.com/a/51495

173　https://36kr.com/p/5053185

174　西瓜讓人聯想到可愛，重點是app的中文名比英文名好聽得多。

175　小咖秀 https://www.xiaokaxiu.com/

176　https://www.36kr.com/p/204254

177　數位紅和千尺無限，她分別在兩者經營三年和四年。

178　原始網站amemv.com現在會重新導向TikTok。

179　圖片來源：http://www.pc6.com/az/357603.html

180　圖片來源：https://v.douyin.com/JdY39Xp/

181　https://youtu.be/cva6C8G-GAc?t=21597

182　https://zhuanlan.zhihu.com/p/91711796

183　抖音會採用獨特的黑色介面，靈感得自美拍，這款流行短影音app廣受中國年輕人喜愛。http://www.downxia.com/zixun/11926.html

184　搓澡舞 https://v.douyin.com/JewUd4v/

185　https://v.qq.com/x/page/v0509dplj3n.html

186　https://mp.weixin.qq.com/s/kc-10P4vIJX01oj5ptsjJQ

187　https://www.iqiyi.com/a_19rrgxwtfh.html

188　https://new.qq.com/omn/20180515/20180515A1H2ZP.html

189　http://news.ifensi.com/article-14-4374160-1.html

190　https://www.ixigua.com/i6467320259031335437/?

191　圖片來源：http://science.china.com.cn/2017-09/03/content_39110 253.htm

192　https://mp.weixin.qq.com/s?__biz=MjM5MDczODM-3Mw==&mid=265303 0018&idx=1&sn=fb673ae1cefbb132b330245fbc3dc958&

193　https://36kr.com/p/1723823521793

194　https://zhuanlan.zhihu.com/p/91711796

195　https://hans.vc/toutiao/

196 https://v.douyin.com/31Ur7P

197 https://www.youtube.com/watch?v=YHUN1UofcYM

198 https://www.theverge.com/tldr/2018/1/26/16937712/karma-is-a-bitch-riverdale-kreayshawn-meme

199 https://youtu.be/U49yH_F031U?t=6

200 https://youtu.be/kFVevz3HFMI?t=51

201 https://36kr.com/p/5136013

202 行銷界的流行用語是「雙微一抖」。

203 https://www.youtube.com/watch?v=aqQtY-wG9Dg

204 https://www.technologyreview.com/2017/01/26/154363/the-in-sanely-popular-chinese-news-app-that-youve-never-heard-of/

205 http://ly.fjsen.com/2015-09/25/content_16680876_all.htm

206 https://thisten.co/njlwa/8eZbR0bz89GTOHnoYA4HFoTuI1xiX68cH5IFFJYP

207 https://new.qq.com/omn/20180515/20180515A1H2ZP.html

208 https://m.pedaily.cn/news/441247

209 https://walkthechat.com/simple-guide-to-douyin-store-case-studies-and-how-to-create-one/

210 中文：微視。

211 https://www.pingwest.com/a/106343

212 圖片來源：https://technode.com/2017/12/05/wuzhen-world-internet-conference-dinner/

213 https://weishi.qq.com/

214 最著名的是黃子韜、張雲雷和宋祖兒

215 https://www.ifanr.com/minapp/1101125

216 http://m.caijing.com.cn/api/show?contentid=4608050

217 http://finance.sina.com.cn/chanjing/gsnews/2018-05-06/doc-ihacuuvt8132798.shtml

218 資料來源：QuestMobile

219 https://mp.weixin.qq.com/s/kc-10P4vIJX01oj5ptsjJQ

220 https://hans.vc/toutiao/

221 https://youtu.be/vDXvJfXe3hw?t=23

222 http://finance.sina.com.cn/chanjing/gsnews/2019-03-14/doc-ihsxncvh2481985.shtml?

223 https://www.tmtpost.com/3324980.html

224 https://new.qq.com/omn/20171205/20171205A0XBIO.html

225 試舉幾個例子：使用習慣、文化期待、授權和內容規範、支付系統、app商店庫存
單位整合（SKU integrations）、社交分享平台等。

226 https://newsroom.tiktok.com/en-us/musical-ly-and

227 https://twitter.com/tiktok_japan/status/884317356704399360

228 Map created by Reddit user Valeriepieris

229 https://www.jiemian.com/article/2241255.html

230 https://36kr.com/p/1722597179393

231 https://www.huxiu.com/article/332665.html

232 https://en.wikipedia.org/wiki/Yukina_Kinoshita

233 https://36kr.com/p/1722597179393

234 https://www.youtube.com/watch?v=qrM_5qNhW-8&t=2s

235 https://twitter.com/search?q=(from%3Atiktok_japan)%20until% 3A2017-
09-01%20since%3A2017-04-01&src=typed_query

236 https://www.sohu.com/a/235450902_403354

237 https://mixch.tv/

238 https://36kr.com/p/1722597179393

239 舉例來說，英語國家如美國、澳洲、加拿大合成一個區域，雖然分屬不同地理位
置。

240 隨著TikTok的內容生態系愈來愈成熟，這套嚴格的「地區鎖定」系統已經鬆綁。
現在一個地區的帳戶可能可以在其他地區被看見，尤其是列為白名單者。但一地區
開立的帳戶（如埃及）還是可能很難在另一地區（如巴西）得到曝光。

241 http://www.yuanzhonghe.com/view.php?id=303

242 https://it.sohu.com/20180124/n529099946.shtml

243 https://digiday.com/marketing/musical-ly-starts-selling-ads/

244 https://www.musicbusinessworldwide.com/vine-and-musical-ly-transformed-
the-music-industry-then-they-disappeared-will-history-repeat-itself/

245 資料來源：EqualOcean Analysis

246 https://star.toutiao.com/

247 來源：《南華早報》報導與分析、北京貴士信息科技公司（Quest Mobile）、前
瞻產業研究院、艾瑞諮詢（iResearch）、國際數據資訊公司（IDC）。

248 有趣的是網域名稱live.ly從來沒有被Musical.ly買下。該網域的所有人很不滿，為
Musical.ly的敵對直播app Periscope設立顯眼的宣傳訊息與連結。

249 https://musicindustryblog.wordpress.com/2017/11/10/musically-sells-for-800-million-but-peaked-by-being-too-silicon-valley/

250 https://www.zhihu.com/question/67915440

251 http://tech.sina.com.cn/roll/2017-11-19/doc-ifynwnty4928120.shtml

252 https://www.bloomberg.com/news/articles/2019-11-13/why-facebook-passed-on-buying-the-predecessor-to-tiktok

253 獵豹移動後來名聲一落千丈，因其app被谷歌認定惡意，二○二○年二月自Play商店下架。

254 http://tech.sina.com.cn/roll/2017-11-19/doc-ifynwnty4928120.shtml

255 https://hans.vc/ByteDance-musical-ly-merger/

256 https://youtu.be/YsPeT2oHQLY?t=2098

257 資料來源：獵豹全球實驗室（Cheetah Global Labs）和Musical.ly

258 https://www.scmp.com/magazines/style/news-trends/article/2132 434/chinas-rich-list-2018-who-are-nations-wealthiestman-and

259 https://www.reuters.com/article/us-bytedance-musically/chinas-bytedance-scrubs-musical-ly-brand-in-favor-of-tiktokidUSKBN1KN 0BW

260 示範影片：Mindie https://youtu.be/ibjbxRBMI30?t=175
Musical.ly June 2016: https://youtu.be/z4haZtTAToI?t=21
Douyin May 2018: https://youtu.be/4EcMiZfaK8Y?t=47
TikTok June 2019: https://youtu.be/PyaZxrN_gM8?t=55

261 https://www.youtube.com/watch?v=D7zE1NKWiu4

262 https://www.change.org/p/everybody-change-tik-tok-back-to-musical-ly?

263 https://www.zackhargett.com/tiktok/

264 https://www.eugenewei.com/blog/2020/8/3/tiktok-and-the-sorting-hat

265 https://youtu.be/9MXIiQuvT0A?t=229

266 https://www.buzzfeednews.com/article/krishrach/tiktok-twitterthread-weird

267 https://www.wsj.com/articles/tiktoks-videos-are-goofy-its-strategy-to-dominate-social-media-is-serious-11561780861

268 https://www.reuters.com/article/us-facebook-china-focus/facebook-defies-china-headwinds-with-new-ad-sales-push-idUSKBN1Z616Q

269 圖片來源：https://www.toutiao.com/a1621444337593351/

270 多名TikTok使用者發現自己被放在app廣告時大為驚訝：https://adage.com/article/digital/tiktok-users-are-surprised-find-themselves-ads-app/2204996

271 https://youtu.be/B0MYNAeyy4k?t=202

272 https://www.youtube.com/watch?v=h-3DQdB5ugI

273 https://www.youtube.com/watch?v=1ZiGM8D-EHc&list=RDCMU
CvhRflCjdOgAA-eZLQVvZhg&index=2

274 https://www.youtube.com/watch?v=ZQxMW23uTJU

275 https://www.theatlantic.com/technology/archive/2018/10/what-tiktok-is-cringey-and-thats-fine/573871/

276 https://www.spiegel.de/international/business/as-a-chinese-company-we-never-get-the-benefit-of-the-doubt-a-e1e415f6-8f87-41e9-91ae-08cfa90583b3

277 https://cdixon.org/2010/01/03/the-next-big-thing-will-start-out-looking-like-a-toy

278 https://www.theinformation.com/articles/chinas-bytedanceplans-slack-rival-even-as-losses-mount?shared=6e04505df99b45f2

279 圖片來源：https://medium.com/@NateyBakes/tiktoks-growing-pains-in-the-west-attack-of-the-memes-b96e26593649

280 https://www.youtube.com/watch?v=Lq7CCoCO6j4

281 巧合的是，二〇一五年將Musical.ly推向app商店榜首的節目《名人對嘴生死鬥》是《吉米A咖秀》的衍生節目。

282 https://variety.com/2018/digital/news/tiktok-jimmy-fallon-musical-ly-app-downloads-1203032629/

283 https://www.youtube.com/watch?v=jq25KtRjarw&feature=youtu.be&t=106

284 https://www.buzzfeed.com/pablovaldivia/lil-nas-x-tweets

285 https://twitter.com/LilNasX/status/1099455087670423553?

286 原始歌曲是九吋釘樂團（9 Inch Nails）的單曲〈34 Ghosts IV〉。

287 https://www.tiktok.com/@nicemichael/video/6658388605418867974?refer=embed

288 https://www.youtube.com/watch?v=LxwpKKK3P4s&feature=youtu.be

289 https://youtu.be/ptKqFafZgCk?t=235

290 https://www.rollingstone.com/music/music-features/lil-nas-x-old-town-road-810844/

291 https://newsroom.tiktok.com/lil-nas-x-takes-the-old-town-road-from-tiktok-to-the-top-of-the-charts/

292 https://en.wikipedia.org/wiki/The_Seven_Basic_Plots

293 https://www.youtube.com/watch?v=1AyKWtJXgNM&

294 https://www.bbc.com/news/magazine-13414527

295 https://www.youtube.com/watch?v=P3UjKrYckA0

296 https://www.tiktok.com/@davidkasprak/video/6640342878226763014?source=h5_m

297 https://www.theverge.com/2019/10/1/20892354/mark-zuckerberg-full-transcript-leaked-facebook-meetings

298 https://www.nytimes.com/2019/11/03/technology/tiktok-facebook-youtube.html

299 https://www.nbcnews.com/podcast/byers-market/transcript-facebook-s-sheryl-sandberg-n1145051

300 https://themargins.substack.com/p/tiktok-the-facebook-competitor

301 https://youtu.be/rW8mDQYrOnw?t=1877

302 https://creatormarketplace.tiktok.com/

303 https://newsroom.tiktok.com/en-us/creator-fund-first-recipients

304 https://www.toutiao.com/i6803294487876469251/?

305 來源：公司財務報告、新浪科技、路透社、36氪、鈦媒體、虎嗅網。

306 https://medium.com/cheddar/tiktok-doubles-down-on-u-s-with-hire-of-veteran-youtube-exec-91d5bd9353d9

307 https://youtu.be/MwMdTBvpZQw?t=123

308 https://www.cnbc.com/2019/10/14/tiktok-has-mountain-view-office-near-facebook-poaching-employees.html

309 https://therealdeal.com/2020/05/28/the-biggest-new-tenant-in-new-york-city-is-tiktok/

310 https://assets.documentcloud.org/documents/7043165/TikTok-Trump-Complaint.pdf

311 資料來源：市調機構Sensor Tower

312 https://turner.substack.com/p/the-rise-of-tiktok-and-understanding

313 https://www.theinformation.com/articles/the-10-ways-tiktok-will-change-social-product-design

314 https://www.hollywoodreporter.com/features/tiktok-boom-how-exploding-social-media-app-is-going-hollywood-1293505

315 二〇二〇年七月，川普競選連任的宣傳活動在臉書播放反TikTok的廣告。https://www.facebook.com/ads/library/?active_status=all&ad_type=political_and_issue_ads&country=ALL&impression_search_field=has_impressions_lifetime&q=tiktok&view_all_page_id=153080620724&sort_data[direction]=desc&sort_data[mode]=relevancy_monthly_grouped

參考資料

前言　瞞天過海

群控進化史，黑產攻擊效率提升帶來的防守困境 2019-06-20
http://www.woshipm.com/it/2484849.html

通路雲抖音群控系統 2019-09-04
https://www.youtube.com/watch?v=2sUt-9-2Pxo&feature=youtu.be&t=26

抖音推薦演算法總結 2019-11-23
https://blog.csdn.net/sinat_26811377/article/details/103217551

抖音的演算法是怎麼樣的？ 2018-05-03
https://www.zhihu.com/question/267467032

抖音快手直播刷量起底：25元100人氣，58元1萬粉絲 2020-06-01
https://weibo.com/ttarticle/p/show?id=2309404510937796182161

抖音演算法滋生群控系統：百部手機人工刷1個帳號收700 2018-10-31
http://tech.sina.com.cn/csj/2018-10-31/doc-ifxeuwws9791587.shtml?

Why TikTok made its user so obsessive? The AI Algorithm that got you hooked.
　　2020-06-07
https://towardsdatascience.com/why-tiktok-made-its-user-so-obsessive-the-ai-
　　algorithm-that-gotyou-hooked-7895bb1ab423

Live-streaming Scams & Struggles in China 2020-05-27
https://www.parklu.com/china-live-streaming-scams/

第 **1** 章　一鳴驚人

Time Magazine–Top 100 most influential people 2019
https://time.com/collection/100-most-influential-people-2019/5567716/zhang-
　　yiming/

六一回憶：小時候我看什麼 2014-05-30
https://kknews.cc/tech/oplx28o.html

普通碼農幹出700億的行業新霸 他是誰？ 2017-08-23

http://money.jrj.com.cn/2017/08/23072022984178.shtml

九九房獲2011最具成長性企業稱號 2011-12-13

http://roll.sohu.com/20111213/n328842419.shtml

對話 頭條背後的男人 2016-11-27

https://www.youtube.com/watch?v=_PufBTmWbc8

抖音、今日頭條首席演算法架構師曹歡歡

https://www.ixigua.com/pseries/6791712451873210894_6740486203524530695/?

移動互聯網十年 2018-09-26

https://www.lieyunwang.com/archives/447662

張一鳴的「上帝視角」 2015-06-15

https://www.pingwest.com/a/51495

海納亞洲王瓊自述：為何投資今日頭條？ 2016-04-05

https://www.huxiu.com/article/144262.html

孔夫村官方網站

http://cunwu.cuncun8.com/index.php?ctl=village&geo-Code=76597251

南開校友、今日頭條創始人張一鳴在2016級新生開學典禮上的講話 2016-09-19

http://cs.nankai.edu.cn/info/1039/2356.htm

張一鳴的用人觀晚點 2019-05-29

https://new.qq.com/omn/20190529/20190529A0QZQV.html

張一鳴南開大學北京校友會演講 2019-10-24

https://www.sohu.com/na/349348869_766689?

張一鳴對話錢穎一：要有耐心持續在一個領域深入才會取得成績 2018-03-23

https://www.tmtpost.com/3145145.html

抖音設局 2018-08-02

https://tech.sina.com.cn/i/2018-08-02/doc-ihhehtqf3594606.shtml

張一鳴：每個逆襲的年輕人，都具備的底層能力 2019-12-26

https://new.qq.com/omn/20191226/20191226A0AB5D00.html

從今日頭條到抖音，張一鳴和位元組跳動的流量帝國 2019-04-29

http://goodyomo.com/archives/155

2013年中國「30位30歲以下創業者」張一鳴校友 2013-03-08

http://www.fjydyz.net/plus/view.php?aid=5329

How did TikTok's Zhang Yiming become one of China's richest men? 2019-08-18

https://www.scmp.com/magazines/style/news-trends/article/3023093/how-did-
tiktoks-zhang-yiming-become-one-chinasrichest

張一鳴：在微軟工作很無聊！怪不得來幫中國程式師聲援996！
https://www.ixigua.com/6805466361402229262?id=6805110223536128515
Scores killed in China protests 2009-07-06
http://news.bbc.co.uk/2/hi/asia-pacific/8135203.stm
China's smartphones risk patent disputes 2012-04-14
http://usa.chinadaily.com.cn/business/2012-04/14/content_15047719.htm
九九房 百度百科
https://baike.baidu.com/item/%E4%B9%9D%E4%B9%9D%E6%88%BF
TikTok's Founder Wonders What Hit Him 2020-08-29
https://www.wsj.com/articles/entrepreneur-who-built-tiktokwonders-what-hit-him-11598540993
How to work with people who are 10 years younger than you 2019-02-16
https://medium.com/@ming_ma/how-to-work-with-peoplewho-are-10-years-younger-than-you-71cd378b30e

第 2 章　字節跳動初期

沸騰新十年 | 少年今日頭條的奇幻漂流-左林右狸 2019-07-17
https://new.qq.com/omn/20190718/20190718A07TPH00.html?
張一鳴也無法定義SIG和王瓊 2019-12-28
https://www.cmtzz.cn/news/29846
中國程式師英雄傳(五)：張一鳴：碼農CEO和他的今日頭條 2016-03-03
https://www.21cto.com/article/11
張一鳴的實證理性 亂翻書 2018-12-14
https://mp.weixin.qq.com/s?__biz=MjM5MDczODM3Mw==&mid=2653028363&idx=1&sn=0209c00b-2306d451e97ef4a745419e65&scene=21
Prismatic Gets $15M From Jim Breyer And Yuri Milner To Attack The Impossible Problem Of Bringing You Relevant News 2012-12-05
https://techcrunch.com/2012/12/05/prismatic/
Prismatic (app) Wikipedia page
https://en.wikipedia.org/wiki/Prismatic_(app)
當兩位投資大佬因為錯過今日頭條而惋惜時，周鴻禕：誰能有我難受 2017
https://www.ixigua.com/i6797655980998918668/?
投了中國半個互聯網的投資大佬沈南鵬後悔沒有投今日頭條第一輪！ 2017
https://www.ixigua.com/i6640043697771659783/?

今日頭條融資故事：得到的和錯過的 2018-10-24

https://www.huxiu.com/article/268415.html

SIG Asia Official Website

http://www.sig-china.com/

快公司之三：「技術控」今日頭條的媒體式煩惱 2015-09-04

https://finance.qq.com/cross/20150901/78V57DPP.html

對話今日頭條創始人：1億美元融資背後的故事 2014-06-05

http://tech.sina.com.cn/i/2014-06-05/04399418360.shtml

「酷訊系」的新產品 2013 February edition of Cyzone Magazine

http://magazine.cyzone.cn/article/199140.html

【張一鳴專欄】南開時光三件事：耐心，知識，夥伴 2015-11-17

https://www.pingwest.com/a/61954

酷訊創業幫 2016-09-03

http://www.startup-partner.com/3654.html

Steve Jobs: Technology & Liberal Arts 2011-10-06

https://www.youtube.com/watch?v=KlI1MR-qNt8

盈都大廈官方網站

http://yingdudasha.cn/

Zhen Fund Official Website

http://en.zhenfund.com/About

90% of Y Combinator Startups Have Already Accepted The $150k Start Fund
    Offer 2011-01-30

https://techcrunch.com/2011/01/29/90-of-y-combinator-startups-have-already-
    accepted-the-150k-start-fund-offer/

What is it like to get funded by Y Combinator?

https://www.quora.com/What-is-it-like-to-get-funded-by-YCombinator

張一鳴年會演講顯露今日頭條鋒芒：2016要決戰「國內第一」！憑什麼？2016-03-12

https://m.huxiu.com/article/141687.html

從5億美金到750億，今日頭條如何在BAT圍剿中建成「流量帝國」？2019-07-20

https://dy.163.com/article/EKI5CPM50511D84J.html;

Tencent, Xiaomi Invested in TikTok's Parent, ByteDance 2020-08-20

https://www.theinformation.com/articles/tencent-xiaomi-invested-in-tiktoks-
    parent-bytedance

第 3 章　從 **YouTube** 紅到 **TikTok** 的推薦技術

演算法狂飆，張一鳴且行且珍惜 2018.07.05

https://finance.sina.cn/2018-07-05/detail-ihexfcvi8061268.d.html?vt=4

The Hidden Forces Behind Toutiao: China's Content King – YC Blog 2017.10.12

https://blog.ycombinator.com/the-hidden-forces-behind-toutiao-chinas-content-king/

雷軍：馬雲沒我勤奮，不像馬雲每天雲遊四方–Interview with Xiaomi CEO Lei Jun, 2013

https://www.bilibili.com/video/av49873394/

張一鳴2013年在鈦媒體的演講實錄：今日頭條為什麼火，技術真能幫媒體變現？2013-12-19

https://www.tmtpost.com/1656158.html

The YouTube video recommendation system 2010-09

https://dl.acm.org/doi/10.1145/1864708.1864770

How YouTube perfected the feed 2017-08-30

https://www.theverge.com/2017/8/30/16222850/youtube-google-brain-algorithm-video-recommendation-personalized-feed

YouTube's head engineer reveals his 'wildest dreams' for the site 2015-07-06

https://www.businessinsider.com.au/youtube-engineer-christos-goodrow-on-recommendation-engine-2015-7

YouTube's effort to get people to watch longer 2011-07-28

https://www.sfgate.com/business/article/YouTube-s-effort-toget-people-to-watch-longer-2352967.php

Inside Sibyl, Google's Massively Parallel Machine Learning Platform 2014-07-17

https://www.datanami.com/2014/07/17/inside-sibyl-googles-massively-parallel-machine-learning-platform/

YouTube uses Amazon's recommendation algorithm 2011-02-01

https://glinden.blogspot.com/2011/02/youtube-uses-amazons-recommendation.html

DSN 2014 Keynote: "Sibyl: A System for Large Scale Machine Learning at Google" 2014-06-27

https://www.youtube.com/watch?v=3SaZ5UAQrQM&feature=youtu.be&t=503

Facebook to change News Feed to a 'personalized newspaper' 2013-03-07

https://www.washingtonpost.com/business/technology/facebook-to-change-news-feed-to-a-personalized-newspaper/2013/03/07/b294f61e-8751-11e2-98a3b3db6b9ac586_story.html

Why Google Reader Really Got the Axe 2013-06-06

https://www.wired.com/2013/06/why-google-reader-got-theax/

為佩奇關閉Google Reader的魄力叫好！2013-03-14

https://tech.qq.com/a/20130314/000123.htm

The End of Google Reader Sends the Internet into an Uproar 2013-03-14

https://bits.blogs.nytimes.com/2013/03/14/the-end-of-googlereader-sends-internet-into-an-uproar/?

Amazon.com Recommendations Item-to-Item Collaborative Filtering 2003-02

http://www.cs.umd.edu/~samir/498/Amazon-Recommendations.pdf

第4章　在中國，是新聞讀你

字節跳動的二號人物-唐亞華 2020-03-14

https://finance.sina.com.cn/chanjing/gsnews/2020-03-14/doc-iimxyqwa0378441.shtml

今日頭條公佈演算法原理 稱並非一切交給機器 2018-01-12

https://www.leiphone.com/news/201801/cEc03ORUAeiwytnC.html

【PPT詳解】曹歡歡：今日頭條演算法原理 2018-03-06

https://cloud.tencent.com/developer/article/1052655

頭條增長故事：如何一夜間擁有千萬用戶 2019-04-24

https://mp.weixin.qq.com/s?__biz=MjM5MDczODM-3Mw==&mid=2653028841&idx=1&sn=83fa66c2f9c-3b4aa9130e024ec2173fa&

沸騰新十年｜國民APP預裝簡史——頭條百度們的暗戰江湖 2019-08-30

https://www.sohu.com/a/337627735_117091

Fighting for air: frontline of war on global warming 2007-03-26

https://www.theguardian.com/environment/2007/mar/26/globalwarming.china

手機上的預裝軟體是怎麼來的？

https://product.pconline.com.cn/itbk/bkxt/1507/6670604.html

由U8無線路由器-預裝手機app設備-8埠快速庫刷工具由地推盒子多埠app安裝安卓APK刷機批量安裝庫刷機器 2019-04-16

http://www.wujimy.com/09/04/16/28503.html

張利東：理性市場分析背後非理性消費值得注意 2008-04-19

http://auto.sina.com.cn/news/2008-04-19/1529367261.shtml

Why would a news app potentially be worth as much as $22B? 2017-08-18

https://mp.weixin.qq.com/s?__biz=Mz-I4NzQ1NzM1Ng==&mid=2247484352&i
dx=1&sn=c347bae-1cdb3c417028ed595bb1b48a2&

年會怎麼開？京東上演內衣秀，今日頭條小清新 2015-02-03

https://www.leiphone.com/news/201502/rwfBdJFFBcjKWdoq.html

去年，他的髮型還很隨意，有時候可能因為睡覺姿勢不好還支棱著幾根 2015-10-16

http://zqb.cyol.com/html/2015-10/16/nw.D110000zgqnb_20151016_1-08.htm

Chamath Palihapitiya - how we put Facebook on the path to 1 billion users 2013-
01-09

https://www.youtube.com/watch?v=raIUQP71SBU&feature=youtu.be&t=1265

京華時報-維基百科

https://zh.wikipedia.org/wiki/%E4%BA%AC%E5%8D%8E%E6%97%B6%E6%
8A%A5

2015 WIC Overview

http://www.wuzhenwic.org/n_6821.htm

hihoCoder挑戰賽15

https://hihocoder.com/contest/challenge15

第 5 章　從巴黎到上海—— **Musical.ly**

Mindie Music Video Maker: The Social Hour 180 2014-09-18

https://www.youtube.com/watch?v=9CdMvYFpEaU

Mindie Is An Immersive Music And Video Jukebox App Done Right 2013-10-18

https://techcrunch.com/2013/10/17/mindie-is-an-immersive-music-and-video-
jukebox-app-doneright/

小鵬汽車、Clobotics、musical.ly創始人在斯坦福講了哪些乾貨？ 2018-01-24

https://it.sohu.com/20180124/n529099946.shtml

為什麼一個中國團隊做的短視頻app登上了全美iOS總榜第一？

【上海‧Talk】2015-12-21

https://36kr.com/p/5041108

音樂地：美好的時刻，值得拍段 MV 2014-10-13

http://tech.163.com/14/1013/18/A8F4QN5U00094ODU.html

musical.ly搶灘登陸美利堅 2017-01-04

http://xiamag.com/41260.html

短視頻還有哪些玩法？想做入門級「卡片機」的Musically用音樂來降低music video的創

作門檻 2014-11-18

http://tech.163.com/14/1118/19/ABBTTNOK00094ODU.html

How a failed education startup turned into Musical.ly, the most popular app you've probably never heard of 2016-05-28

https://www.businessinsider.com/what-is-musically-2016-5

Can Pop Music Connect Teens In China With The World?

Musical.Ly Co-Founder Louis Yang Wants To Find Out 2017-09-13

https://supchina.com/2017/09/13/can-pop-music-connectteens-china-world-musical-ly-co-founder-louis-yang-wants-find/

Who's Too Young for an App? Musical.ly Tests the Limits 2016-09-19

https://cn.nytimes.com/technology/20160919/a-social-network-frequented-by-children-tests-the-limits-of-online-regulation/en-us/

The Origin and Future Of America's Hottest New App: musical.ly 2016-06-10

https://www.forbes.com/sites/mnewlands/2016/06/10/
the-origin-and-future-of-americas-hottest-new-app-musically/#a5eaaeb5b078

Musical.ly gets into original content with new shows from Viacom, NBCU & Hearst 2017-06-15

https://techcrunch.com/2017/02/13/musical-ly-drops-itsfourth-app-a-video-messenger-called-ping-pong/

2017 騰訊媒體+峰會 第五部分 陽陸育

https://v.qq.com/x/page/z002582m7e0.html

Tech Chat with Alex Zhu – Silicon Dragon, Shanghai 2016-09

https://www.youtube.com/watch?v=E3aOxgyMUqk

Gregoire Henrion, Co-Founder, Mindie - LeWeb'13 Paris – The Next 10 Years - Plenary1 Day 3 2013-12-12

https://www.youtube.com/watch?v=ibjbxRBMI30&feature=youtu.be&t=175

Mindie is like Vine with a pop music soundtrack 2013-10-17

https://thenextweb.com/apps/2013/10/17/mindie-like-vinepop-music-soundtrack/

eBaoTech Official Website

https://www.ebaotech.com/

CRCM Ventures Official Website

https://crcmventures.com/crcm/

Ice Bucket Challenge

https://en.wikipedia.org/wiki/Ice_Bucket_Challenge

Harlem Shake (meme)
https://en.wikipedia.org/wiki/Harlem_Shake_(meme)
2016首次世界網紅大會深度探討乾貨全在這裡了！2016-09-20
https://kknews.cc/media/vg4may.html
Musical.ly's Alex Zhu on Igniting Viral Growth and Building a User Community
    2016-11-10
https://www.youtube.com/watch?v=wTyg2E44pBA&feature=youtu.be&t=111
iCamp Official Website
http://www.icamp.ai/portfolio
HOW TO USE DUBSMASH?!!! 2015-04-06
https://www.youtube.com/watch?v=xDDHkz18c-k&feature=youtu.be&t=85
Baby Ariel Wikipedia page
https://en.wikipedia.org/wiki/Baby_Ariel
Numa Numa
https://www.youtube.com/watch?v=KmtzQCSh6xk
The Harlem Shake [BEST ONES!]
https://www.youtube.com/watch?v=8f7wj_RcqYk
Lip-Sync Battle Official Website
https://www.paramountnetwork.com/shows/lip-sync-battle
手握2.3億海外用戶登頂美國第一，中國唯一國際化成功社交內容公司回國，它將如何對
    決快手秒拍今日頭條？2016-04-29
https://www.youxituoluo.com/120223.html
Baby Ariel Reveals How Her Musical.ly Name Was Invented 2017-08-03
http://www.justjared.com/2017/08/03/baby-ariel-reveals-howher-musical-ly-
    name-was-invented/
BabyAriel's First Musical.ly Post | Baby Ariel
https://www.youtube.com/watch?v=LNwqJNi80Rc

第 6 章 Awesome.me

張楠產品邏輯：日播十億 抖音的產品思考 混沌大學 2018
https://www.youtube.com/watch?v=kUtjJ4tChUI
龍岩籍互聯網新銳張一鳴：當之無愧的「頭條哥」 2015-09-25
http://ly.fjsen.com/2015-09-25/content_16680876_all.htm
深度分析｜上線僅500天的抖音，居然PK掉了快手和美拍，這個團隊做了什麼 2018-02-
11

http://k.sina.com.cn/article_5617169084_14ecf32bc019003d5f.html

抖音是怎麼做出來的？| 創業故事 2019-01-23

https://mp.weixin.qq.com/s/dr9Jncw_FwrS8hX8wEIDPQ

今日頭條要拿10億元補貼短視頻製作者，內容業從圖文轉入視頻時代？2016-09-20

https://36kr.com/p/5053185

重磅今日頭條扶持短視頻，教你如何拿下這10億補貼 2017-06-30

https://www.sohu.com/a/153411388_580569

領跑者張一鳴：我當然想做龍頭 2015.10.16

http://zqb.cyol.com/html/2015-10/16/nw.D110000zgqnb_20151016_1-08.htm

抖音轉型──從「讓崇拜從這裡開始」到「記錄美好生活」2018-05-15

https://new.qq.com/omn/20180515/20180515A1H2ZP.html

抖音AARRR流量漏斗模型分析 2018-07-20

http://www.scceo.com/blog/aarrr

整天ci哩ci哩，你知道被冠上快手、抖音神曲的，到底都是什麼歌？2017-12-05

https://www.pingwest.com/a/145637

My Conversation with Zhang Yiming, Founder of Toutiao 2017-10-23

https://hans.vc/toutiao/

抖音盛宴：收割一個新流量帝國｜深氪 2018-05-28

https://36kr.com/p/5136013

The best memes are nonsense and I love 'karma is a bitch' 2018-01-26

https://www.theverge.com/tldr/2018/1/26/16937712/karmais-a-bitch-riverdale-kreayshawn-meme

抖音離爆紅，可能只差一段「奇葩」視頻 2017-05-05

https://www.pingwest.com/a/114624

騰訊微視：向前一步是悲壯，向後一步是絕望 2019-07-31

https://mp.weixin.qq.com/s?__biz=MzU3Mjk1OTQ0Ng==&mid=2247484205&idx=1&sn=285b60e7bb8ac7732dd771fa73438215&

朋友圈重磅更新！騰訊全民扶阿斗，連微信都給微視開新入口 2018-09-15

https://www.ifanr.com/minapp/1101125

微視 vs 抖音，為何騰訊未能實現後發先至 2019-10-07

https://mp.weixin.qq.com/s/kc-10P4vIJX01oj5ptsjJQ

第 7 章　TikTok 走向全球

從Vine到Musical.ly，它們曾大放光彩，卻又迅速消失 2018-10-05

http://kuaibao.qq.com/s/20181005A1LWCX00?refer=spider

手握2.3億海外用戶登頂美國第一，中國唯一國際化成功社交內容公司回國，它將如何對
　　決快手秒拍今日頭條？新經濟100人 2017-07-19
https://zhuanlan.zhihu.com/p/27878425
文化「走出去」的方式有很多 短視頻應用出海成小潮流 2017-12-05
https://new.qq.com/omn/20171205/20171205A0XBIO.html
Before Mark Zuckerberg Tried To Kill TikTok, He Wanted To Own It – BuzzFeed,
　　Ryan Mac 2019-11-12
https://www.buzzfeednews.com/article/ryanmac/zuckerberg-musically-tiktok-
　　china-facebook
止步10億美金，Musical.ly這一年來錯過了什麼？| 熱點快評 2017-11-11
https://www.sohu.com/a/203644165_109401
歪果仁也瘋狂：海外版抖音Tik Tok的出海之路 2018-01-24
https://zhuanlan.zhihu.com/p/33261942
【深度】抖音出海：Tik Tok如何在半年內成為日本的現象級產品？2018-06-20
https://www.jiemian.com/article/2241255.html
抖音的海外戰事 2018-06-16
https://36kr.com/p/1722597179393
沒有補貼，沒有商業化，抖音到底在海外做對了什麼 2018-06-13
https://www.sohu.com/a/235450902_403354
「泰國版周杰倫和楊冪」，是怎麼在抖音海外版上火起來的？2018-07-11
https://www.tmtpost.com/3324980.html
Musical.ly Sells For $800 Million But Peaked By Being Too Silicon Valley 2017-
　　10-10
https://musicindustryblog.wordpress.com/2017/11/10/musically-sells-for-800-
　　million-but-peaked-by-being-too-silicon-valley/
BIGO：全球化夾縫中的生存冠軍 2020-04-02
https://www.toutiao.com/i6811091360066568716/
ByteDance-Musical.ly Merger Ushers in New Age for Content Companies 2017-
　　12-16
https://hans.vc/bytedance-musical-ly-merger/
996 Podcast, Episode 4: Liu Zhen on ByteDance's Global Vision and Why
　　Toutiao Is Unique 2018-08-19
https://youtu.be/YsPeT2oHQLY?t=2099
Vine and Musical.ly transformed the music industry – then they disappeared. Will

history repeat itself? 2018-09-05

https://www.musicbusinessworldwide.com/vine-and-musical-lytransformed-the-music-industry-then-they-disappeared-will-history-repeat-itself/

Musical.ly has lots of users, not much ad traction 2017-09-05

https://digiday.com/marketing/musical-ly-starts-selling-ads/

Decoding the Global Rise of TikTok 2020-02-23

https://www.linkedin.com/pulse/decoding-global-rise-tiktokruonan-deng/

對話Musical.ly投資人：曾有人出價15億美金，但頭條變現體系強 2017-11-19

http://tech.sina.com.cn/roll/2017-11-19/doc-ifynwnty4928120.shtml

Visiting Musical.ly HQ in Shanghai | Shanghai Vlog 2017-10-17

https://youtu.be/F9EPQD9Zikg?t=352

第 8 章　尷尬癌發作！

Evan Spiegel interview at DLD Conference Munich 20 2020-01-20

https://youtu.be/rW8mDQYrOnw?t=1877

Transcript of Mark Zuckerberg's leaked internal Facebook meetings 2019-10-01

https://www.theverge.com/2019/10/1/20892354/mark-zuckerberg-full-transcript-leaked-facebook-meetings

TikTok's Growing Pains In The West: Attack of the Memes 2018-10-16

https://medium.com/@NateyBakes/tiktoks-growing-pains-inthe-west-attack-of-the-memes-b96e26593649

TikTok is cringy and that's fine 2018-10-25

https://www.theatlantic.com/technology/archive/2018/10/what-tiktok-is-cringey-and-thats-fine/573871/

This Is What TikTok Users Think About The Internet Hating Them 2018-10-09

https://www.buzzfeednews.com/article/krishrach/tiktok-twitterthread-weird

TikTok surges past 6M downloads in the US as celebrities join the app 2018-11-15

https://www.theverge.com/2018/11/15/18095446/tiktok-jimmy-fallon-tony-hawk-downloads-revenue

The NFL joins TikTok in multi-year partnership 2019-09-03

https://techcrunch.com/2019/09/03/the-nfl-joins-tiktok-inmulti-year-partnership/

I can't believe this happened at a TikTok meetup 2020-01-08

https://www.youtube.com/watch?v=Mn7WR4MjZW4

HypeHouse and the TikTok Los Angeles Gold Rush 2020-01-03

https://www.nytimes.com/2020/01/03/style/hype-house-losangeles-tik-tok.html

How TikTok Made "Old Town Road" Become Both A Meme And A Banger 2019-04-08

https://www.buzzfeednews.com/article/laurenstrapagiel/tiktoklil-nas-x-old-town-road

How Lil Nas X Took 'Old Town Road' From TikTok Meme to No. 1 2019-05-09
https://www.youtube.com/watch?v=ptKq-FafZgCk

"As a Chinese Company, We Never Get the Benefit of the Doubt" Interview with TikTok Head Alex Zhu 2020-01-22

https://www.spiegel.de/international/business/as-a-chinesecompany-we-never-get-the-benefit-of-the-doubt-a-e1e415f6-8f87-41e9-91ae-08cfa90583b3

The biggest new tenant in New York City is... TikTok 2020-05-28

https://therealdeal.com/2020/05/28/the-biggest-new-tenant-innew-york-city-is-tiktok/

Status as a Service (StaaS) 2019-02-19

https://www.eugenewei.com/blog/2019/2/19/status-as-a-service?

TikTok has moved into Facebook's backyard and is starting to poach its employees 2019-10-14

https://www.cnbc.com/2019/10/14/tiktok-has-mountain-view-office-near-facebook-poaching-employees.html

The Clock is Ticking on TikTok (Interview with Blake Chandlee) 2019-10-23

https://www.youtube.com/watch?v=MwMdTBvpZQw

The Network Matrix: Bridges & Identity 2020-03-09

https://medium.com/6cv-perspective/the-network-matrix-bridges-identity-2fa9686eb978

Pitch deck: TikTok says its 27m users open the app 8 times a day in the US 2019-02-26

https://digiday.com/marketing/pitch-deck-how-tiktok-is-courting-u-s-ad-agencies/

TikTok has moved into Facebook's backyard and is starting to poach its employees 2019-10-14 https://www.cnbc.com/2019/10/14/tiktok-has-mountain-view-office-near-facebook-poaching-employees.html

TikTok Gains 30+ Million Users in 3 Months 2018-10-31

https://blog.apptopia.com/tiktok-gains-30-million-users-in-3-months

[PewDiePie] TIK TOK Try not to Cringe funny compilation #1 (Reupload) 2018-10-01

https://www.youtube.com/watch?v=Qf5ek_o1JOw

Davidkasprak, over 200 Haribos singing #haribochallenge 2018-12-29

https://www.tiktok.com/@davidkasprak/video/6640342878226763014

TikTok users surprised to find themselves in ads for the app 2019-10-07

https://adage.com/article/digital/tiktok-users-are-surprised-findthemselves-ads-app/2204996

Facebook defies China headwinds with new ad sales push 2020-01-07

https://www.reuters.com/article/us-facebook-china-focus/facebook-defies-china-headwinds-with-new-ad-sales-push-idUSKBN1Z616Q

TikTok Stars Are Preparing to Take Over the Internet 2019-07-12

https://www.theatlantic.com/technology/archive/2019/07/tiktok-stars-are-preparing-take-over-internet/593878/

TikTok's Underappreciated Wins (from a former Yik Yak employee) 2020-02-26

https://www.zackhargett.com/tiktok/

為什麼百度在日本失敗了 十年後抖音卻成功了 2019-12-25

https://www.huxiu.com/article/332665.html

Why Are So Many Gen Z Kids Becoming Furries? 2019-12-12

https://www.rollingstone.com/culture/culture-features/furryfandom-tiktok-gen-z-midwest-furfest-924789/

'Old Town Road' proves TikTok can launch a hit song 2019-05-05

https://www.theverge.com/2019/4/5/18296815/lil-nas-x-oldtown-road-tiktok-artists-spotify-soundcloud-streams-revenue

How TikTok Made "Old Town Road" Become Both A Meme And A Banger 2019-04-08

https://www.buzzfeednews.com/article/laurenstrapagiel/tiktoklil-nas-x-old-town-road

Teens Love TikTok. Silicon Valley Is Trying to Stage an Intervention 2019-11-03

https://www.nytimes.com/2019/11/03/technology/tiktok-facebook-youtube.html

TikTok Hires Veteran YouTube Exec to Grow App in the U.S. 2019-02-08

https://medium.com/cheddar/tiktok-doubles-down-on-u-swith-hire-of-veteran-youtube-exec-91d5bd9353d9

TikTok's Chief Is on a Mission to Prove It's Not a Menace 2019-11-18
https://www.nytimes.com/2019/11/18/technology/tiktok-alex-zhu-interview.html

China's ByteDance scrubs Musical.ly brand in favor of TikTok 2018-08-02
https://www.reuters.com/article/us-bytedance-musically/chinas-bytedance-
    scrubs-musical-ly-brand-in-favor-of-tiktokidUSKBN1KN0BW

TikTok-Trump-Complaint.pdf 2020-08-24
https://assets.documentcloud.org/documents/7043165/TikTok-
Trump-Complaint.pdf

Zhang Yiming Letter to staff 2020-03-12
https://www.toutiao.com/i6803294487876469251/?

後記

TikTok's Founder Wonders What Hit Him 2020-08-29
https://www.wsj.com/articles/entrepreneur-who-built-tiktokwonders-what-hit-
    him-11598540993

India bans TikTok, dozens of other Chinese apps, 2020-06-29
https://techcrunch.com/2020/06/29/india-bans-tiktok-dozensof-other-chinese-
    apps/

抖音

作者	馬修・布倫南
譯者	張美惠
商周集團榮譽發行人	金惟純
商周集團執行長	郭奕伶
視覺顧問	陳栩椿
商業周刊出版部	
總編輯	余幸娟
責任編輯	林雲
封面設計	bert
內頁排版	林婕瀅
出版發行	城邦文化事業股份有限公司-商業周刊
地址	104台北市中山區民生東路二段141號4樓
傳真服務	（02）2503-6989
劃撥帳號	50003033
戶名	英屬蓋曼群島商家庭傳媒股份有限公司城邦分公司
網站	www.businessweekly.com.tw
香港發行所	城邦（香港）出版集團有限公司
	香港灣仔駱克道193號東超商業中心1樓
	電話：(852)25086231 傳真：(852)25789337
	E-mail：hkcite@biznetvigator.com
製版印刷	中原造像股份有限公司
總經銷	聯合發行股份有限公司 電話：(02)2917-8022
初版1刷	2021年7月
定價	台幣400元
ISBN	978-986-5519-62-9（平裝）

國家圖書館出版品預行編目(CIP)資料

抖音 / 馬修.布倫南（Matthew Brennan）著；張美惠譯. -- 初版. -- 臺
北市：城邦文化事業股份有限公司商業周刊, 2021.07
　面；　公分.
　譯自：Attention factory : the story of TikTok and China's ByteDance

ISBN 978-986-5519-62-9（平裝）

1.北京字節跳動科技有限公司 2.電腦資訊業 3.網路社群 4.中國
484.67　　　　　　　　　　　　　　　　　　　　　110010199

紅沙龍

Try not to become a man of success but rather to become a man of value.
～Albert Einstein (1879 - 1955)

毋須做成功之士，寧做有價值的人。 —— 科學家　亞伯・愛因斯坦